KB001677

"사회성이 고민입니다"

혼자이고 싶지만
외로운 과학자의

Humanist

일러두기

- 이 책은 2018년 6월부터 9월까지 총 네 차례에 걸쳐 진행된 강연 '외로운 과학자의 소셜 철학관'을 바탕으로 만들어졌습니다.

책을 시작하기에 앞서

미국 드라마 〈빅뱅 이론The Big Bang Theory〉의 주인공 셸던 쿠퍼는 이론물리학자입니다. 엄청 똑똑하지만 성격은 까칠하죠. 만약 실제로 쿠퍼 박사와 같은 집에 살아야 한다면 드라마를 보는 것처럼 재미있지는 않을 겁니다. 많은 사람이 떠올리는 '과학자'라는 이미지는 사실 쿠퍼 박사와 크게 다르지 않습니다. 재능은 뛰어나지만 사회성이 떨어지는, 그 재능이 인류에게 도움을 주지만 함께 파티를 하고 싶지는 않은 사람들.

실제로 과학자를 만나보면 꼭 그렇지 않다는 걸 금방 알 수 있습니다. 저 또한 셸던 쿠퍼와는 거리가 먼 과학자입니다. 진화학자인 저는 과학과 철학의 경계를 넘나드는 별종입니다만, 과학고등학교와 공과대학을 다닌 이공계인으로서

'이과스러움'이 무엇인지 잘 알고 있습니다. 그 옷이 잘 맞지 않는 것 같아 대학원에서는 철학을 공부했죠.

그래서였는지, 아니면 타고난 성향이 사람 친화적이어서인지(사물 친화적이지 않고) 저는 늘 사회성만큼은 꽤 좋은 편이라고 자부해왔습니다. 과학자의 사회성을 비교하는 것 자체가 매우 비사회적인 일인 것 같긴 합니다만, 굳이 비교한다면 과학자치고는 상위권에 들 겁니다.

저는 지난 몇 년 동안 인간의 사회성에 관해 집중적으로 공부했습니다. 몇 가지 과학적 연구도 할 수 있었죠. 그 과정에서 자연스럽게 타인과의 관계에서 작동하는 저 자신의 심리를 깊이 파헤쳐볼 수 있었습니다. 금세 당혹감이 몰려왔죠. 그 전까지는 제가 스스로를 조직 생활을 잘하는 사람으로 인식하고 있었습니다. 타인을 대할 때 '쿨'하면서도 따뜻하고, 옳다고 생각하는 일은 소신껏 밀어붙이며, 경쟁하는 것보다 협력하는 걸 더 선호한다고도 생각했습니다. 혼밥을 즐길 줄도 알고 원하면 누구든 만날 수 있는 인맥 부자라고 생각했죠.

그런데 사회성을 연구하는 과정에서 제가 직면한 현실은 달랐습니다. 저는 학교를 제외한 일반적인 조직 생활은 해본

적이 없습니다. 유명해지고 싶진 않지만, 저를 알아보는 사람이 없는 모임에서는 왠지 위축됩니다. SNS에서 자기 자랑에 열을 올리는 사람을 보면 불편한데 제가 올린 글을 보면 남들도 똑같이 생각하겠구나 싶을 때가 있어요. 바쁠 때는 혼밥을 하지만 사실 혼자 밥 먹는 게 좋진 않고, 남이 볼까봐 신경이 쓰입니다. 인맥이 넓은 것처럼 보이지만 사실 절친은 두셋에 불과합니다. 그리고 외로움은 견디기 힘듭니다.

인간관계에서 나름 특별하다고 생각했던 저도 별수 없는 사회적 동물임을 알아가는 과정이었죠. 이게 어찌 저만의 현실이겠습니까? 소셜미디어가 일상에 깊숙이 침투하면서 사회성은 우리에게 고민스러운 주제로 떠올랐습니다.

소셜미디어는 그동안 잔잔한 삶을 살아온 사람에게도 감정의 소용돌이에 휘말리게 만듭니다. 가짜 뉴스에 미혹되어 감정이 격해지기도 합니다. 명품과 슈퍼카를 자랑하는 사람을 보면 왠지 자신의 현실이 초라해 보이죠. 소셜미디어와 함께 자란 청소년은 "SNS를 그만 좀 하라"는 부모의 잔소리조차 SNS로 공유하기도 합니다.

저는 2017년 인간의 초사회성ultra-sociality과 문명의 관계를 다룬 《울트라 소셜》을 출간했습니다. 이 책을 통해 많은 사람과 이야기를 나누면서 우리가 '사회성이 고민인 시대'를 살고 있다는 확신을 갖게 되었습니다. 인류가 오래도록 지니고 있던 사회적 뇌는 오늘날 소셜미디어, AI, 블록체인 같은 새로운 테크놀로지에 격렬하게 반응하고 있습니다.

실제로 많은 분이 저와 똑같은 아이러니를 경험하고 있다고 고백했어요. 그러면서 이런 질문을 던졌습니다.

— 타인과 어울리기가 힘든 것은 사회성 부족 탓인가요?

— 나만 외로움을 타는 걸까요?

— 모두에게 칭찬받고 싶은 나는 정상일까요?

— 꼭 타인과 경쟁해야만 할까요?

— 왜 나는 남의 이야기에 이토록 휘둘릴까요?

저는 '이과스러움'을 장착한 사람이라서 감성을 어루만지는 이야기나 따뜻한 공감으로 여러분을 위로하기가 힘들지도 모릅니다. 대신 이런 질문에 대한 과학적 접근으로 '사회성이 고민인 시대'를 우리가 무사히 건널 수 있기를 바라봅니다. 사회성이야말로 이 시대의 과학이 다룰 수밖에 없는 인간 본성이며, 실제로 과학은 여러분의 사회성까지 보살피기 때문입니다.

제가 만난 많은 분이 때로는 과학 언어가 자신들의 고민을 더 깊이 이해하고 위로해준다고 고백했습니다. 과학은 우리 자신을 객관적으로 바라보게 하는 미덕이 있죠. 한마디로 '나만 그런 게 아니었구나!'를 깨닫게 만들고, 한 차원 더 깊은 곳으로 우리를 안내합니다.

사실, 《울트라 소셜》에서도 이 책의 키워드인 관계에 관해 적잖이 다뤘습니다. 하지만 책의 성격상 관계만을 집중적으로 다루지는 못했고 내용도 산발적이었습니다. 관계에 관한 쿨한 과학적 상담을 제공하는 책이 사회성이 고민인 시대를 사는 우리에게 시급했습니다. 그래서 《울트라 소셜》과 내용이 일정 부분 겹치더라도 질문에 응답하는 형식으로 그것을 새롭게 풀어내려고 했습니다. 다행스럽게도 이 과정에서 새로운 연구와 통찰이 추가되었습니다. 모쪼록 인간의 사회성에 대한 과학의 대답이 여러분의 고민을 해결하는 데 작은 보탬이 되길 기원합니다.

차례

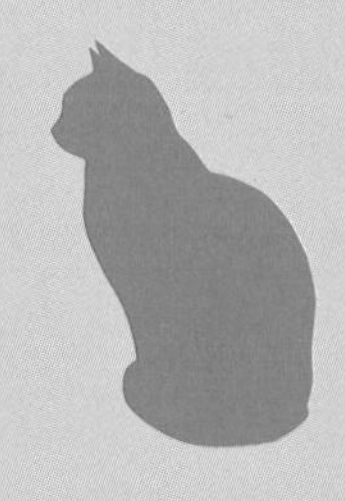

1장

관계에 대하여

관계 총량 법칙과 사회적 뇌

타인과 어울리기가 힘들어요.
사회성이 부족한 걸까요?

저는 제 스스로가 내향적이라고 생각해본 적이 없어요. 친구도 많은 편입니다. 그런데 요즘은 친구들과 만나도 그리 즐겁지 않습니다. 고등학교 동창, 대학교 동창, 직장 동기, 취미로 다니는 화실의 수강생들……. 얼굴 본 지 오래됐다고 만나고, 어떤 날은 급번개를 갖기도 합니다.

이제까지 만들어온 인연을 앞으로도 이어가야 할 것 같아서 약간의 의무감을 가지고 꾸역꾸역 모임에 나가지만, 차라리 침대에 누워 스마트폰이나 볼 걸 하는 후회가 들 때가 많습니다. 그래서 요즘은 적당히 둘러대고 모임에서 빠지기도 하는데요, 그러면 또 마음이 불편해집니다.

저와 비슷한 사람도 있을 거라고 생각하지만, 막상 모임에 나가면 다들 즐거운 시간을 보내는 것 같아 이질감이 느껴집니다. 이렇게 관계를 유지하는 데 버거움을 느끼고 혼자 있는 것이 편한 건, 저에게 문제가 있어서일까요? 사회성이 부족한 걸까요?

Relationship

갑자기 인간관계를 유지하는 것이 부담스러워졌다면 사회성에 문제가 생긴 건 아닌지 고민하게 됩니다. 사람들과 어울리기 부담스러워 혼자 있는 게 좋지만, 사회생활을 해야 하니까 어쩔 수 없이 회식이나 모임에 나가야 하고……. 타인과 잘 어울리려면 많은 에너지를 써야 합니다. 피곤하죠. 쉽지 않은 일입니다. 하지만 우리가 속한 사회와 조직은 개인에게 사회성을 요구합니다. '나'를 불편하게 만들죠.

이런 문제에 맞닥뜨리면 '나라는 사람은 조직 생활에 어울리지 않는 게 아닌가?'라는 고민을 하게 됩니다. 제가 이런 고민을 하는 분에게 신묘한 처방을 내리는 도사처럼 속 시원한 해답을 드릴 수는 없겠지요. 하지만 이런 고민에 대해 과학이 어떤 이야기를 하는지 들려드릴 수는 있습니다.

우리가 살아가는 세상은 관계로 이루어져 있습니다. 사회성에 대한 고민은 이러한 수많은 관계에서 오는 스트레스, 즉 '관계의 문제'입니다. 몇 년 전

〈혼술남녀〉라는 드라마가 화제가 되었습니다. 이 드라마의 남자 주인공은 혼자 고깃집에 들어가 고기를 구워 술을 마시고, 혼자 식당에서 밥을 먹는 '혼술·혼밥'이 일상인 사람이었죠. 외부의 소리는 헤드폰으로 차단한 채 음악을 들으며 고기를 구워 먹는 장면이 매우 인상적이었습니다.

'혼밥·혼술'은 이제 하나의 사회적 현상이 되었습니다. 한쪽에서는 혼밥과 혼술의 장점을 부각시키거나 이와 관련해 새롭게 등장한 마케팅 기법을 소개하는 반면, 다른 쪽에서는 이것이 사회적인 문제라거나, 우리 사회가 더 각박해지고 있다는 증거라고 이야기합니다.

그렇다면 사람들은 왜 혼밥과 혼술을 하는 걸까요? 같이 먹을 사람이 없어서? 그럴 수도 있죠. 아니면 혼자가 편해서? 혼밥·혼술을 하는 이들은 사회적으로 문제가 있는 걸까요? 제 생각으로는 단지 '사회생활에 지쳐서'인 듯합니다. 관계에 너무 지쳐서 더 이상 사람들을 만나고 싶지 않은 거예요. 혼밥은 병리적 행동이라기보다는 오히려 복잡하고 과도한 관계에 지친 현대인의 새로운 생존 기술일 가능성이 높습니다.

질문은 잠시 접어두고, 영장류의 세계에 살짝 발을 담가봅시다. 특히 호모 사피엔스와 가장 유사하면서 우리처럼 서로 관계를 맺고 살아가는 침팬지와 보노보를 살펴보죠. 침팬지와 인류는 약 600만 년 전 공통조상에서 갈라져 나왔고, 침팬지와 보노보는 약 300만 년 전 갈라져 나왔습니다. 얘네들은 우리의 조상이 아니라, 공통조상에서 갈라져 나온 현존하는 사촌 종인 셈이죠. 그러니 괜히 동물원에 가서 큰절하면 안 됩니다.

인간과 많은 것을 공유하고 있는 이들의 삶을 면밀히 관찰해보면 우리 자신을 이해하는 데 많은 힌트를 얻을 수 있습니다. 인간의 특성을 탐구할 때 영장류학이 빠지지 않는 것은 바로 그 이유 때문이죠. 마치 연인을 제대로 알기 위해서는 그 가족을 만나봐야 하는 것과 비슷합니다.

폭력적인 침팬지

사진을 한번 볼까요? 맨 왼쪽은 침팬지입니다. 뾰족

침팬지Chimpanzee

학명: *Pan troglodytes*

특징: 우리에게 친근한 유인원으로 온순한 외모와는 달리 폭력성이 강함

보노보Bonobo

학명: *Pan paniscus*

특징: 문제를 스킨십으로 해결하는 잘 알려지지 않은 19금 유인원

인간Human

학명: *Homo sapiens*

특징: 문명을 만든 유일한 유인원

한 송곳니가 돋보이죠. 우리에게 친숙한 동물이라 많은 이가 간과하고 있지만, 사실 침팬지는 무척 사납습니다. 모든 갈등과 긴장 상황에서 인간으로 치면 주먹이 먼저 나가는 타입이에요. 그래서 화가 나면 종잡을 수가 없습니다. 제가 교토대학교 영장류 연구소에서 연구할 때 큰 충격을 받았던 것이 바로 침팬지의 폭력성이었습니다.

우두머리 수컷 침팬지는 자신의 영역을 돌아다니면서 다른 침팬지들에게 폭력을 휘두릅니다. 자기보다 서열이 낮은 침팬지는 물론이고 어린 아기 침팬지까지 말이죠. 이렇게까지 폭력을 행사할 정도면 병적인 것 아닌가 하는 생각이 들 정도였습니다. '연구소에 갇혀 살아서 스트레스를 많이 받아서 이렇게 사나워졌나?' 이런 생각도 들었죠.

그런데 침팬지를 30년 이상 연구한 선생님의 이야기가 더 충격적이었습니다. 이런 폭력 행동이 야생에서는 꽤 흔한 일이라는 거예요. 야생 침팬지의 삶을 한번 떠올려볼까요? 아마 침팬지들이 서로 털고르기를 하면서 평화로운 나날을 보내는 모습을 떠올리는 사람이 많을 겁니다. 〈동물의 왕국〉에 등장하는 침팬지는 그렇게 사나워 보이지 않는 데다 주로 털

고르기를 하고 있었으니까요. 얘네들도 방송을 좀 아는 것 같아요.

그런데 실상은 매우 다릅니다. 야생 침팬지의 세계는 때로 조폭의 세계를 방불케 합니다. 만약 여러분이 화가 난 침팬지를 마주했다면 절대로 도망쳐서는 안 돼요. 인간보다 훨씬 더 빠르니까 도망은 의미가 없거든요. 손으로 낚아채는 순간 살점이 떨어져나갑니다. 그러니 침팬지를 만나면 되도록 몸을 동그랗게 말아야 합니다. 공격당할 표면적을 줄이는 것만이 우리가 할 수 있는 최선이죠. 실제로 야생에서 침팬지를 연구하는 연구자들은 목숨을 걸고 하는 셈이죠.

19금 영장류 보노보

가운데 사진에서 침팬지에 비해 약간 우수에 잠긴 듯한 모습의 영장류가 보이시나요? 보노보라고 합니다. 침팬지랑 비슷하게 생겼죠. 처음에는 '피그미 침팬지Pygmy Chimpanzee'라고 해서 보통의 침팬지보다 조금 작긴 하지만 같은 종에 속한다고 생각했었는데요, 엄연히 다른 종이라는 사실이 밝혀졌습니다. 앞서 언급했듯이 침팬지와 보노보는 약 300만 년 전에 갈라져 나왔거든요.

보노보는 침팬지와 달리 모든 긴장과 갈등 상황에서 폭력이 아닌 포옹과 스킨십을 합니다. 일종의 섹스를 해요. 이 섹스는 번식을 위한 행동이 아니라, 유대관계를 맺기 위한 놀이 같다고나 할까요. 우리의 도덕관념으로 보면 난잡하기 이를 데 없어서 '19금' 동물이라 할 수 있어요.

그래서 〈동물의 왕국〉에서는 보노보를 볼 수 없었습니다. 가족들이 저녁을 먹으면서 함께 시청하기에 적당한 동물이 아닌 거죠. 대중에게 잘 알려지지 않은 이유 중 하나도 지나치게 선정적인 성생활 때문일 겁니다. 보노보의 존재 자체도 1960년대 이후에야 알려지기 시작했고요.

침팬지의 폭력성

침팬지 사회는 위계 서열이 엄격한 수컷 중심의 사회다. 다른 침팬지 집단을 상대로 끔찍한 공격을 하는 집단 폭력이 일어나며 유전적으로 관련이 없는 새끼 침팬지를 죽이는 경우도 있다. 경쟁 관계의 침팬지를 살해하는 것이 영역과 짝짓기 상대, 먹이와 물 등을 확보하고 자신의 유전자를 후대에 물려주기 위한 생존 전략이라는 주장이 있다.

우리 사촌들의 삶에 대해 감을 좀 잡으셨나요? 폭력과 섹스가 대표적인 특징이라고 하니 마치 인간의 흑역사를 보는 것 같지 않나요? 그런데 폭력과 섹스 말고도 공통점은 적지 않습니다. 그중에서 가장 중요한 점은 우리 모두가 일종의 집단생활을 하고 있다는 사실이에요.

영장류는 파충류나 다른 포유류와 달리 규모가 큰 집단에서 복잡한 관계를 이루며 살아갑니다. 만약 외계인이 와서 영장류의 특성을 탐구했다면, 틀림없이 '조직 생활을 하는 동물'이라고 정리했을 것입니다.

그런데 흥미로운 사실은 영장류의 집단 크기가 종마다 다르다는 겁니다. 여기서 '집단 크기'는 서로 의사소통하는 데 문제가 없는 최대 개체수를 의미하는데요, 이게 종마다 대략 정해져 있습니다. 침팬지는 50~80 정도의 개체가 한 집단이에요. 만약 100마리의 침팬지가 있다면, 두 집단인 거죠. 다른 영장류에서도 이렇게 집단 고유의 크기를 발견할

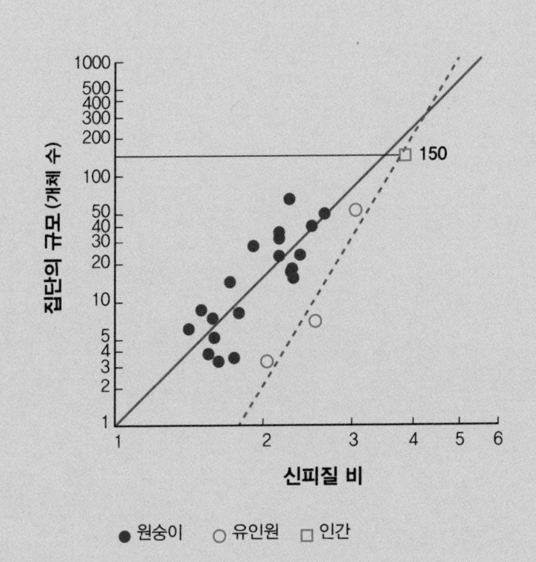

신피질 비와 집단 크기의 상관관계

원숭이, 유인원, 인간의 집단 규모와 신피질 비에 따른 관계를 그래프로 나타낸 것이다. 그래프에서 보듯이 신피질 비율이 높을수록 집단의 규모가 커진다. 인간은 신피질 비가 4에 가까우며 집단의 개체 수도 다른 영장류에 비해 월등히 많다.

수 있습니다.

집단 크기가 다르다는 것은 무엇을 의미할까요? 그래프를 살펴봐주세요. 그래프의 x축은 신피질 비율, y축은 집단의 크기를 나타냅니다. 신피질neocortex이란 두개골을 열었을 때 먼저 보이는 뇌의 쭈글쭈글한 부분을 말합니다. 뇌에서 가장 늦게 진화한 부분이죠. 신피질 비neocortex ratio는 뇌 전체 용량에서 신피질 용량을 뺀 값으로 신피질 용량을 나눈 값입니다. 쉽게 말해, 신피질이 발달할수록 신피질의 비가 커집니다.

그런데 사회성을 연구하는 뇌과학자들이 이 신피질 비와 종의 집단 크기가 양(+)의 상관관계를 맺고 있다는 재미있는 사실을 발견했습니다. 쉽게 말해, 유지해야 하는 집단의 크기가 크면 클수록 신피질도 두껍다는 이야기입니다.

그래프에서 인간의 신피질 비(x축)는 4 정도 됩니다. 그래서 평균 집단의 크기(y축)가 얼마인지 살펴보니 대략 150입니다. 그런데 신기하게도 인간의 집단 크기가 200을 넘지 않는다는 것이 확인되었는데요, 지금도 존재하는 원시부족 공동체의 구성원 수나 로마시대 한 교구의 인원 등을 따져보니 150명가량 되더라는 겁니다. 침팬지가 유지할 수 있는 집단 크기(50개체)의 약 세 배에 해당하죠.

결국, 인간의 뇌용량(1,300cc)이 침팬지의 뇌용량(400cc)보다 세 배 이상 큰 것도 세 배 정도 되는 집단 크기의 차이와 관련이 깊다고 할 수 있습니다. 하지만 뇌용량이 증가해서 집단 규모가 커진 것인지, 집단 규모가 커져서 뇌용량이 증가했는지는 아직까지 정확히 밝혀지지 않았습니다.

뇌의 크기 비교

	인간	침팬지	오랑우탄	고릴라
뇌용량(cc)	1,300	400	400	400~500

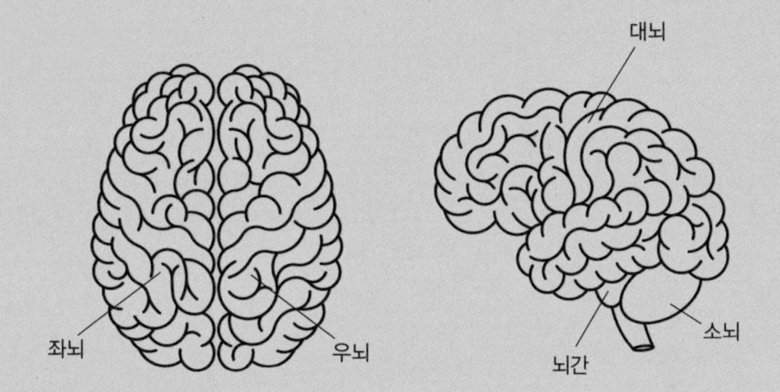

뇌의 구조와 기능

인간의 뇌는 크게 대뇌와 소뇌, 뇌간으로 구분할 수 있고, 뇌간은 간뇌, 중뇌, 뇌교, 연수로 이루어져 있다. 뇌간은 가장 원시적인 뇌로 생명 유지를 위한 호흡과 소화 기능을 담당한다. 뇌의 80퍼센트를 차지하고 있는 대뇌는 쪼글쪼글한 껍질인 대뇌피질과 대뇌수질, 기저핵, 변연계로 구성되어 있다. 변연계는 감정을, 대뇌피질은 사고를 담당한다.

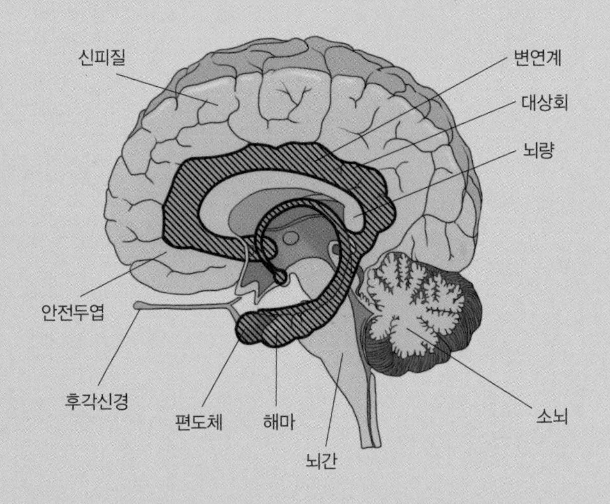
신피질
변연계
대상회
뇌량
안전두엽
후각신경
편도체
해마
뇌간
소뇌

영국 옥스퍼드 대학교의 진화심리학자 로빈 던바Robin Dunbar는 이런 연구를 바탕으로 흥미로운 숫자 하나를 제시했습니다. 그것은 바로 한 사람이 맺을 수 있는 사회적 관계의 최대치입니다. 우리는 이 한계치인 150을 '던바의 수Dunbar's Number'라고 부릅니다.

이 수의 의미는 무엇일까요? 우리가 '완전 절친'이라고 부를 수 있는 사람의 수는 다섯 명 정도입니다. 여기서 '완전 절친'이란 내 비밀을 무덤까지 갖고 갈 수 있는 사람을 뜻하죠. 그다음 '절친' 그룹은 다섯 명의 세 배에 해당하는 15명입니다. 즉, 베스트 프렌드가 15명이라는 이야기죠. 또 그것의 약 세 배인 35명은 '좋은 친구' 그룹입니다. 그리고 그다음 150명이 바로 '친구'의 최대치라 할 수 있죠. 쉽게 이야기하면 청첩장을 돌릴 때 고민하지 않고 보낼 수 있는 최대 수가 150명이라는 것입니다. 이 150이 바로 '던바의 수'입니다. 500명은 '아는 사람', 1,500명은 '알 수도 있는 사람'의 수입니다.

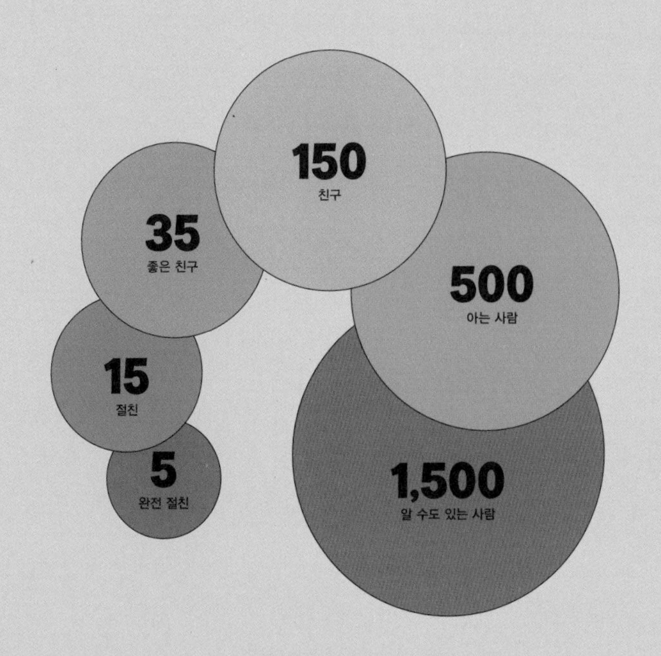

던바의 수

인간의 친구 관계(긴밀한 사회적 관계)에는 한계가 존재한다. '던바의 수'가 가리키는 150이라는 숫자는 한 사람이 맺을 수 있는 긴밀한 사회적 관계의 최대치를 의미한다.

던바 등이 제시하는 사회적 뇌social brain 가설에 따르면, 아무리 사회가 복잡해지고 발전하더라도 한 사람이 유지할 수 있는 친구의 수는 150명 안팎입니다. 이게 인간의 뇌용량이 허용하는 관계의 최대치라는 거죠. 그 이상을 넘어서면 뇌가 폭발한다는 뜻입니다. 제가 이런 이야기를 하면 꼭 반론을 펴는 사람들이 있어요. 이를테면 이런 거죠.

"사회적 뇌? 그럴듯하게 들리지만, 수렵·채집기에나 해당하는 거다. 기껏해야 농사짓던 시절에 했던 이야기고. 지금처럼 첨단 문명이 발달한 시대에 겨우 150명? 서울에서 뉴욕에 있는 사람과 대화를 나누고, 유럽에 있는 사람과 공동 프로젝트를 하는 판국에 그렇게 좁은 관계가 말이 되나? 150명은 자신이 태어난 동네를 떠나지 못한 사람들에게만 해당할 뿐이다."

그러면 저는 그런 사람에게 지난 한 달 동안 자신이 페이스북에서 '좋아요'나 댓글을 단 친구들의 수를 세어보라고 반문합니다. 200명 넘기가 정말 힘듭니다. 저도 페이스북 친구가 3,000명 정도 됩니다. 하지만 '좋아요'를 누르거나 댓글을 다는 대상은 채 50명도 안 됩니다. 물론 매달 자신이 '좋아요'를 누르고 댓글을 다는 친구가 200명 정도 되는 사람도 분명 있을 겁니다. 하지만 오차 범위를 크게 벗어난 '500명'은 불가능합니다.

만일 밀접하게 교류하는 친구가 500~1,000명 정도 된다고 말하는 사람이 있다면, 둘 중 하나예요. 사회적 천재이거나 정신이상자. 온종일 SNS에 매달려 살고 있을 테니까요. 평범한 사람이라면 공부도 해야 하고, 직장도 다녀야 하고, 집안일도 해야 하잖아요. 실제로 트위터, 페이스북, 카카오톡 같은 SNS에서 얼마나 많은 사람과 진짜 친구 관계를 맺고 있는지에 대한 연구를 살펴보면, 던바의 수 150은 결코 작은 수가 아닙니다.

Like
Love
Haha
Yay
Wow
Sad
Angry

그렇다면 왜 우리는 현대사회에서 '친구' 수가 더 늘어난 것 같다고 생각하게 되었을까요? 그것은 문명의 발달로 우리 사회의 네트워크가 더욱 다양해지고 커졌기 때문입니다. 자신이 태어난 동네를 평생 떠날 필요가 없었거나, 또는 떠나서는 안 되었던 먼 과거에는 딱히 친구 네트워크랄 만한 것이 없었습니다. 자고 일어나면 맨날 갑돌이, 갑순이만 보였을 테니까요.

그런데 요즘의 오프라인 네트워크를 보세요. 회사나 학교, 그곳의 소모임이나 동아리, 또 주말에는 동호회나 종교 활동을 하는 사람들의 다양한 네트워크가 존재합니다. 사회성을 발휘하는 데 사용할 수 있는 도토리(=인간관계 총량)가 150개밖에 없는데, 사용처는 과거보다 훨씬 더 많은 셈이지요. 인간관계의 총량은 그대로인 채, 사회적 채널만 늘어났을 뿐입니다.

게다가 최근 인터넷 기술의 발전으로 페이스북, 트위터, 인스타그램 등 컴퓨터와 스마트폰을 통해 다양한 SNS 활동이 활발하게 이루어지고 있습니다. 여기서도 인간관계의 총량은 제한되어 있죠. 그런데 이 많은 채널을 원활하게 유지하려고 하니, 도토리가 턱없이 부족할 수밖에요. 조직 생활은 편익을 가져다주는 만큼 대가도 지불해야 합니다. 도토리를 친분 유지나 확장 또는 강화에 잘 써야 하고 관계에서 오는 감정 노동에도 적절히 사용해야 합니다. 간혹 배신자를 처벌할 때도 필요합니다.

저는 지금 이 시대를 살아가는 사람들이 온·오프라인을 통해 엄청나게 늘어난 타인과의 관계에 지쳐 있다고 생각합니다. 수많은 관계에 지쳐서 혼자 밥을 먹고, 혼자 영화를 보고, 혼자 쇼핑을 합니다. 너무나 당연한 거 아닌가요? 이 모든 것을 타인과 같이하려는 사람일수록 더 힘들고 지칠 테니까요.

다시 혼밥을 하는 사람을 떠올려봅시다. 그 사람의 어깨를 툭 치며 "아, 딱한 친구일세. 회식이나 하러 가자고!" 이러면 안 되는 겁니다. 가만히 혼자 있게 놔두고 그 시간을 즐기게 하고 충전해서(다시 도토리 150개를 채우고) 다시 관계 속으로 들어올 수 있게 해줘야 합니다. 관계에 지쳐 있는 사람에게는 '자발적 외로움(고독)'의 시간이 필요하니까요. 이런 맥락에서 저는 '홀로 버려져 마음이 쓸쓸한 상태'로서의 그냥 외로움과 자발적 외로움인 '고독'은 구분되어야 한다고 생각합니다.

이제 처음 질문에 답해보겠습니다. 인간관계를 유지하는 것이 힘들다고 느끼는 사람은 사회성이 부족한 걸까요? 사람들은 저마다 개성이 다르기 때문에 타인을 찾는 (외향성이 강한) 사람도 있고, 그렇지 않은 (내향적인) 사람도 있게 마련입니다. 개인차를 무시하려는 것은 아닙니다. 그러나 인간이라면 누구나 150명 정도와 친구를 맺을 수 있습니다. 원숭이나 침팬지에게는 불가능한 숫자입니다.

이처럼 우리의 사회적 능력에는 대략적인 최대치가 존재합니다. 그래서 지금처럼 다양한 사회적 채널을 통해 수많은 타인과 연결될 수 있는 사회에서는 사람들과 어울리기가 힘든 건 너무나 당연하다고 생각해요. 우리 뇌용량을 초과하는 일이니까요.

현재 우리 모두는 관계 과잉을 요구받는 사회에 살면서 지

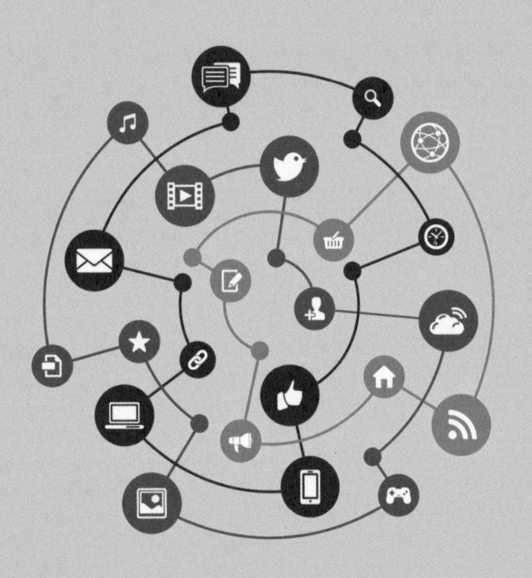

쳐 있습니다. 침팬지나 보노보라면 겪지 않아도 되는 관계 때문에 시달림을 경험하고 있는 겁니다. 내가 갖고 태어난 사회적 도토리가 170개 정도라면 그 이상은 욕심내지 마세요. 도토리가 130개인 분들도 실망하지 마세요. 현대사회에서는 우리 모두 도토리 결핍입니다.

저는 결론적으로 이렇게 조언하고 싶어요. 내게 소중한 사람들과 좋은 관계를 맺기 위해 노력합시다. 반면 스쳐가는 사람들, 관계를 맺는 것이 너무나 고단한 사람들에게는 너무 애쓰지 말아요. 다른 소중한 관계까지 망칠 수 있으니까요.

2장

외로움에 대하여

의존과 배제의 함수

홀로 버려진 느낌이 들어요.
나만 외로움을 타는 걸까요?

문득 외로움을 느낄 때가 있어요. 사회생활을 하거나 친구들과 함께 있어도 그렇습니다. 혼자 있을 때 외로움이 더 커지지만, 주변 사람의 사소한 눈빛에도 위축되거나 소외감을 느끼곤 합니다.

가끔 친구들과 각자가 느끼는 외로움에 대한 이야기를 합니다. "넌 매일 사람들 만나잖아." "넌 애인이 있잖아." "넌 친구가 많잖아." "넌 가족과 함께 살잖아." 이런 말들로 혼자 살거나 연인이 없는 사람들의 외로움과 제 감정은 비교할 수 없고, 심지어 제가 느끼는 외로움은 외로움이 아니라고까지 말합니다. 배부른 자의 불평 같은 거라고요. 이렇게 외로움에 대해 이야기하고 온 날은 더 외로워지는 기분이 듭니다.

외로움의 깊이가 다르다 보니 서로 완전히 공감하기란 쉽지 않습니다. 요즘은 기운도 없고 모든 일에 의욕도 나지 않아요. 이래선 안 되겠다 싶은데 외로움에서 벗어나려면 어떻게 해야 할까요? 오롯이 혼자인 사람만이 외로울 자격이 있는 걸까요?

Loneliness

주변에 사람이 많다고 해서 늘 소속감이나 유대감을 느끼며 사는 건 아니죠. 오히려 사람들에게 둘러싸여 있을 때 역설적으로 혼자 버려진 느낌을 받거나 한없는 '외로움loneliness'을 느끼기도 합니다. 이런 경험은 누구나 한 번쯤 해봤을 겁니다.

'외롭다'는 것은 고립되어 있다는 주관적인 느낌입니다. 사랑하는 사람이 옆에 있지만 외로울 수 있고, 혼자 있지만 외롭지 않을 수도 있습니다. 결혼을 했거나 연인이 있는 사람이 외로움을 느낄 때 스스로 당혹스러워지기도 하는데요, 외로움은 인간이라면 누구나 가지는 자연스러운 느낌이지, 결코 우리가 부정해야 할 정서가 아닙니다.

한편, '고독solitude'은 심리학적으로 외롭다는 느낌 없이 홀로 있는 상태를 말합니다. 1장에서 이야기한 '자발적인 외로움'입니다. 관계에 지쳐서 혼자만의 시간을 보내고 있는 상태를 생각해보면 되겠네요. 사회성을 충전하기 위해서라도 자발적 외로움은 필요합니다. 고독을 즐긴 후에는 다시 관계망으로 들어가게 되니까요. 이런 측면에서 고독은 놀랍게도 긍정적입니다.

반면에 외로움은 부정적 상태입니다. 수많은 연구를 종합해보면, 외로운 사람은 그렇지 않은 사람에 비해 스트레스는 물론이고 만성 질환과 심장병 등 모든 건강 지표에서 부정적인 결과를 보입니다. 소득 수준과 사회적 만족도는 훨씬 더 낮죠. 심지어 혼자 사는 사람들의 사망률은 그렇지 않은 이들에 비해 훨씬 더 높다는 연구도 있습니다.

따라서 외로움은 누구나 경험하는 정서이지만 빨리 벗어나야만 하는 부정적 상태입니다. 칼에 손을 베었다고 생각해보세요. 피도 나고 아프죠. 얼른 칼을 치우고 소독을 하거나 약을 바르지 않겠습니까? 외로움도 일종의 고통입니다. 고통은 피하라는 신호입니다.

애슐린 블로커Ashlyn Blocker의 이야기를 해볼까요? 이 친구는 유전자의 선천적 이상으로 통증을 전혀 느끼지 못합니다. 끓는 물에 손가락을 집어넣어도 아무렇지가 않아요. 뜨거운 물에 화상을 입어 피부에 물집이 생겨도 아프지 않거든요. 선천적 무통각증congenital insensitivity to pain이라는 병 때문인데, 현재 전 세계에 이런 질환을 가진 사람이 200명 정도 있다고 합니다.

고통을 느끼지 못하니까 좋은 거 아니냐고요? 전혀 그렇지 않습니다! 고통이 느껴지지 않아 고통의 원인으로부터 몸을 피하지 않는다면, 건강에 심각한 문제가 생겨 결국엔 생존과 번식에 치명적인 악영향을 줄 수 있습니다. 고통을 느끼지 못하는 건 재앙이에요. 예전엔 선천적 무통각증을 앓는 사람들은 성인이 될 때까지 생존하기가 매우 힘들었습니다. 대부분 어린 나이에 감염으로 사망했으니까요.

육체적 고통은 우리가 고통을 불러일으키는 대상을 피하도록 하는 기능을 가지고 있습니다. 이것이 고통이 진화한 이유입니다. 만약 어떤 장소에서 행복감을 느낀다면, 그 느낌은 우리를 그 장소로 접근하게 만들죠. 그곳에 자꾸만 가고 싶어집니다. 맛있는 음식을 먹으러 일부러 멀리까지 찾아가잖아요. 그런데 만약 맛집인 줄 알고 갔더니 상한 음식이 나와서 먹고 탈이 났다면? 다시는 그곳을 찾지 않을 겁니다. 다른 식당에 가서도 비슷한 메뉴는 당분간 피할지도 모릅니다. 심할 경우 그 음식만 봐도 구역질이 날 수도 있습니다. 역겨운 거죠.

'역겨움'도 놀라운 진화적 기능을 가지고 있습니다. 상한 음식을 맛보거나 썩는 냄새를 맡으면 우리는 자동적으로 미간을 찌푸리고 코를 찡긋합니다. 코를 막거나 얼굴을 돌리기도 합니다. 그런 맛이나 냄새를 유발하는 병원균을 피하기 위해서입니다.

이에 반해 '분노'라는 감정은 분노의 원인이나 대상을 피하게 하는 게 아니라 접근하게 만듭니다. 싸워야 하니까요. 가령, 우리는 부당한 대우를 받았다고 생각할 때 분노를 느낍니다. 고통이나 역겨움은 회피 동기를, 분노는 접근 동기를 주게끔 진화했다고 할 수 있습니다.

그렇다면 마음의 고통도 피하라는 신호일까요? 알츠하이머가 의심되거나 극심한 두통이 있을 때 그 원인을 파악하려면 MRI(자기공명영상) 촬영을 통해 뇌에 이상이 있는지 살펴봅니다. 일반적으로 MRI 촬영을 할 때, 누운 자세로 큰 통 속에 들어가게 됩니다. 통 안에서 이상이 있는 신체 부위를 '징' 하면서 스캔하죠. 뚜뚜뚜뚜 소리가 나요.

만약 MRI 기계의 통 안에 누워 있는데 시선이 닿는 곳에 모니터가 있고, 어떤 광경이 연출되고 있다고 생각해봅시다. 세 사람이 공을 주고받고 있습니다. 그중 가운데 손만 보이는 사람이 '나'라고 생각해보세요. 모니터에 나오는 두 명과 공놀이를 하는 거죠. 내가 왼쪽 버튼를 누르면 공이 왼쪽 사람한테 가고, 오른쪽 버튼을 누르면 오른쪽 사람한테 갑니다. 그리고 그 둘도 서로 공을 주고받을 수 있죠. 이렇게 셋이 공을 주고받는 과제를 수행합니다.

처음 10분 동안은 세 명이 자유롭게 공놀이를 합니다. 공을 누구에게 줄지는 내가 선택할 수 있습니

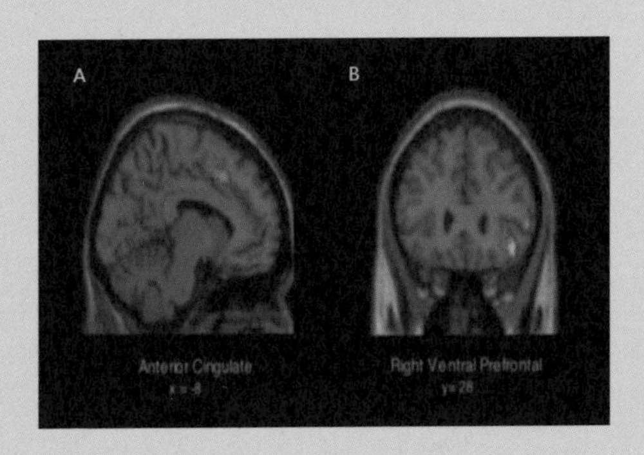

배측 전대상피질의 활성화

인간은 소외감을 느낄 때 배측 전대상피질이 활성화된다. 배측 전대상피질은 신체적 고통이 일어날 때 역시 활성화되는 부위인데, 이는 우리 뇌가 물리적 고통과 사회적 고통을 비슷하게 취급하고 있다는 증거다.

다. 왼쪽 버튼을 누를 수도, 오른쪽 버튼을 누를 수도 있죠. 셋이 공을 주고받기를 10분 동안 반복하고, 잠시 쉬었다가 다시 공놀이를 시작합니다.

다시 시작할 때는 내가 처음에 공을 누구에게 보냈든 상관없이 나한테 공이 전혀 오지 않습니다. 나를 제외한 두 명만 서로 공을 주고받는 거예요. 버튼을 한 번 누르면 내 공놀이는 끝인 거죠. 처음에는 재미도 없고 이걸 왜 할까 생각하다가 나중에는 슬슬 화가 납니다. '도대체 얘네들이 왜 나를 무시하는 거지?'라는 생각도 들 겁니다. 실제로 이 실험이 끝나고 나서 참가자들에게 기분이 어땠냐고 물어보았더니 좋지 않았다고 답했습니다.

나를 제외한 두 명이 서로 공을 주고받을 때 내 뇌에서는 어떤 일이 벌어질까요? 실험 결과 배측 전대상피질이라는 부분이 활성화되었습니다. 그런데 이 부분은 길을 가다가 넘어져서 무릎이 까졌을 때 우리 뇌에서 반응하는 영역과 상당히 겹칩니다. 강도가 휘두른 칼에 찔려서 피가 철철 흐를 때 피해자의 뇌에서 활성화되는 부분과도 거의 같죠. 이상하지 않습니까? 이 실험에서 피를 흘리는 것도 아니고, 단지 기분이

언짢을 뿐인데 말이죠.

배제되는 느낌이나 무리에서 소외되는 느낌도 일종의 고통입니다. 물리적 고통은 아니지만, 때로는 물리적 고통보다 더 큰 괴로움을 주기도 합니다. 이런 배제감이나 소외감을 '사회적 고통'이라고 부릅니다. 그런데 흥미로운 것은 우리의 뇌는 몸에서 피가 날 때와 투명인간이 된 느낌을 거의 구분하지 않는다는 사실입니다.

어떻게 인간의 뇌는 물리적 고통과 사회적 고통을 비슷하게 처리하게 되었을까요? 물론 모든 동물이 사회적 고통을 느끼지는 않습니다. 그것은 분리나 배제 경험이 생존에 치명적인 사회적 동물에게만 필요한 감정이니까요. 아마도 사회적 동물은 원래 있었던 물리적 고통 시스템을 사회적 입력에 대해서도 작동시켰을 것입니다.

사랑하는 사람과 이별했을 때 "한쪽 팔이 떨어져나간 것 같다"는 표현을 하잖아요? 한 연구 결과에 따르면 그런 표현은 은유가 아니라 실재입니다. 정말 한쪽 팔이 떨어져나가는 고통을 느끼는 거죠.

집단 따돌림은 우리 사회의 심각한 문제입니다. 이른바 '왕따'는 교실에서만 일어나는 게 아닙니다. 군대, 직장, 심지어 외교무대에서도 일어나는 일이며, 수많은 사람이 고통을 겪고 있습니다.

만일 학교에서 누가 내 아이를 심하게 때렸다면, 당연히 학교에 찾아가 문제를 제기하고 경찰에 신고할 겁니다. 그런데 아이가 따돌림을 당했다면, 그 정도와는 상관없이 약간 고민스러울 겁니다. 물론 마음은 아프겠지만, 받은 상처가 눈에 보이는 것도 아니고 얼마나 다쳤는지 피해 정도를 확인하기가 어려우니까요.

하지만 이제 우리는 알게 되었습니다. 뇌의 관점에서 본다면 두 고통은 거의 구별되지 않는다는 것을 말이죠. 그러니 집단 따돌림은 명백한 범죄라 할 수 있습니다. 따라서 우리 모두가 이 뇌과학적 사실을 직시 할 때 피해를 최소화할 수 있습니다.

물리적 고통과 마음의 상처의 관계를 더 깊이 알기 위해 진행된 얄궂은 실험이 있습니다. 미국 켄터키 대학교의 심리학자 C. 네이든 드월C. Nathan DeWall은 물리적 고통과 마음의 고통 간 상관관계에 대한 몇 가지 연구를 했습니다. 그중 가장 유명한 연구는 진통제가 마음의 상처에도 효과가 있는지에 대한 실험입니다.

드월은 최근 실연을 겪은 사람들을 대상으로 아세트아미노펜(타이레놀)이 진통 효과를 발휘하는지 알아보았습니다. 실험 참가자들을 두 그룹으로 나눠 매일 아침저녁으로 한 그룹에는 아세트아미노펜을, 다른 그룹에는 가짜 약(밀가루 약)을 주었습니다. 그러고는 자기 전에 자기가 얼마나 고통스러웠는지 기록하도록 했습니다.

이 실험에 참여한 사람(피험자)들은 자신이 먹는 게 어떤 약인지 모릅니다. 실연당했으니 마음이 얼마나 아팠겠습니까. '오늘은 고통스러웠다', '오늘은 좀 견딜 만했다' 이런 자신의 상태를 매일 체크해서

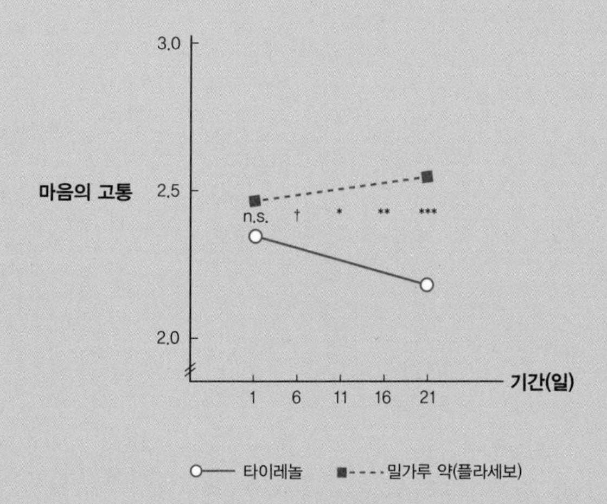

마음의 상처에도 타이레놀이 효과가 있을까?

일정 기간이 지나자 타이레놀을 복용한 집단의 고통 정도가 가짜 약을 먹은 집단의 고통에 비해 낮아졌다.

남겼죠. 실험은 20일 정도 계속되었는데요, 두 집단에는 어떤 차이가 있었을까요?

그래프에서 가짜 약을 먹은 집단의 고통이 조금 상승한 것이 신기하지만, 통계적으로는 의미가 없는 수치입니다. 타이레놀을 먹은 집단의 그래프가 의미 있는데요, 고통의 정도가 뚝 떨어지죠. 마음이 아픈 사람이 진통제를 장기간 복용했을 때 그 아픈 정도가 완화된다는 것을 보여줍니다.

이것은 놀라운 결과입니다. 마음이 괴로울 때 우리는 주로 무엇을 하죠? 술을 마시나요? 이 실험 결과에 따르면 술보다는 약국에 가서 타이레놀을 사 먹는 게 나을 수도 있습니다.

2001년에 개봉한 영화 〈캐스트 어웨이Cast Away〉에서 톰 행크스가 연기한 주인공 척은 국제배송서비스 회사의 직원입니다. 어느 날 타고 가던 비행기가 섬에 추락해 혼자 살아남게 되죠. 그가 추락한 무인도는 살아가는 데 충분한 조건을 갖췄지만, 혼자가 계속되는 일상은 너무 무료합니다.

그러던 어느 날 척은 추락한 택배 물품 더미에서 공을 하나 발견하게 됩니다. 공에 손바닥 자국이 찍혀 꼭 사람의 얼굴처럼 보이는 '윌슨Wilson'이라는 상표의 배구공이었어요. 그가 공에 그려진 손바닥 자국에 눈을 그리자 공은 좀 더 사람의 모습을 하게 됩니다. 그날부터 공은 척의 친구 윌슨이 되죠.

이 영화에서 척이 공에 눈을 그려 넣는 장면은 인지과학적으로 매우 의미가 있습니다. 눈을 그려 넣음으로써 공은 사물이 아닌, 윌슨이라는 하나의 인격체가 되는 겁니다. 내가 말을 걸기도 하고, 이야기를 나눌 수 있는 친구가 되는 거죠.

이야기는 흐르고 척은 뗏목을 타고 섬을 탈출하

려 합니다. 함께 탈출하려던 윌슨은 물살에 흔들리는 뗏목 위에서 구르다가 바다에 빠지죠. 윌슨을 구하려고 척은 바다에 뛰어들지만 멀리 떠내려가는 걸 막을 방법이 없습니다. 그가 애타게 윌슨을 부르는 장면을 이 영화의 명장면으로 꼽는 사람도 많습니다. "윌슨, 윌슨, 미안해!"

전후 상황을 모르는 사람이 본다면, 척이 목숨을 걸고 바다에 뛰어들어 구하려는, 애타게 부르는 이름 윌슨이 사실은 사람이 아닌 배구공이라는 게 얼마나 허탈할까요. 하지만 관객에게는 너무나 공감이 가고 감정이입이 되는 굉장히 슬픈 장면입니다. 누가 그를 미쳤다고 욕할 수 있을까요.

만약 외계인이 지구에 와서 호모 사피엔스를 한마디로 정의한다면, '홀로 살 수 없는 종' 혹은 '외로움을 죽기보다 싫어하는 종'이라고 할 거예요. 홀로 버려진 것은 너무나 슬프죠. 그런데 왜 그런 걸까요?

인간은 영장류 중에서도 독특합니다. 사슴의 새끼는 태어나자마자 비틀거리면서 걷습니다. 영장류의 경우는 한동안 부모의 도움이 필수적이죠. 그런데 유독 인간의 아기는 연약해도 너무 연약합니다. 무기력한 기간이 너무나 길죠. 그렇기 때문에 일부일처제의 기원을 여기에서 보는 사람도 있습니다.

갓 태어난 아기는 부모가 전적으로 돌보지 않으면 살아남기 힘듭니다. 할 수 있는 게 없기 때문이죠. 침팬지가 한 살이면 나무를 자유롭게 타는데, 우리 인간은 침팬지와 가장 가까운 종임에도 불구하고 생활사가 적잖이 다릅니다. 인간은 영장류 중에서 연약한 어린 시절을 가장 오래 보내는 종입니다. 그러니 타인에게 의존하는 것도, 타인의 배제 때문에 느끼는 외로움도 최고일 것입니다.

아무것도 할 수 없는 갓난아이에게 정말 필요한 것은 엄마를 부르는 '응애' 같은 울음소리입니다. 자신에게 필요한 것을 스스로 해결할 수 없기에 다른 사람을 통해서 얻는 거죠. 태어날 때부터 의존적인 인간은 관계에 민감할 수밖에 없습니다. 내가 보살핌을 받느냐 받지 못하느냐는 무척 중요한 문제입니다. 외로움은 바로 이때부터 시작됩니다.

우리 조상들은 어렸을 때 보살핌을 필요로 하는 외로운 존재였습니다. 그래서 울음과 몸짓으로 엄마를 찾았죠. 그렇지 않았다면 이미 다 멸절하여 우리는 지금 이 자리에 없었을 겁니다.

반면에 집단생활을 하지 않는 악어는 외롭지 않아요. 조직 생활을 하는 쥐는 외로움을 느끼고요. 인간보다는 덜 느낍니다. 인간은 매우 연약한 존재이며 가장 큰 네트워크를 갖고 있기에 외로움의 진폭 또한 매우 큽니다.

외로움을 느끼는 것은 부끄러운 게 아니라 당연한 것입니다. 기분이 좋다가도 순간 외로울 때가 있잖아요? 그것 또한 정상입니다. 감정이 잘 작동하고 있다는 거죠. 심장이 힘차게 펌프질을 할 수 있어야 나중에 마라톤도 뛸 수 있는 것처럼, 가끔은 외로움의 진폭을 경험할 필요도 있습니다.

하지만 만성적인 외로움이라면 이야기가 달라집니다. 높은 수준의 외로움이 지속된다면 반드시 탈출해야 합니다. 빨리 네트워크로 돌아가라는 신호이자 누군가에게 의지하라는 뜻이니까요. 그럴 땐 누구에게라도 의지하세요. 강아지라도 좋습니다.

3장

평판에 대하여

관종의 심리학

모두에게 칭찬받고 싶은 나,
정상인가요?

다른 사람의 말에 신경을 많이 쓰는 편입니다. 실수하거나 잘못한 일이 생기면 사람들이 나를 뭐라고 생각할까 걱정하면서 괴로워합니다. 가끔 던지는 농담도 맘 편하게 툭 뱉는 게 아니라 주위 사람들이 어떤 반응을 하는지 나도 모르게 살피게 됩니다.

주변 사람들을 실망시키는 게 두렵고, 타인이 나를 좋게 평가해주는 것에 집착하는 것 같아요. 누구에게나 친절하려고 많이 노력합니다. 그러다 보니 작은 결정도 스스로 하지 못하고 타인을 의식하거나 주변 사람에게 의존하게 됩니다. 티셔츠 하나를 사더라도 옆에 있는 친구의 반응을 살피게 되니까요.

이런 성격 때문에 남의 감정을 잘 살핀다는 나름의 장점도 있지만, 나이를 먹을수록 이렇게 사는 것이 맞는 건지 회의감이 듭니다. 피곤하게 사는 것 같기도 하고요. 지금까지 이렇게 살아왔는데 다른 마음을 가지고 살 수 있을까요?

Reputation

모두에게 인정과 관심을 받고 싶은가요? 그런 마음은 왜 생기는 걸까요? 요즘은 끊임없이 누군가의 주목을 받고자 행동하는 사람을 '관종'이라 부른다고 합니다. 관심을 받고 싶은 사람을 낮춰 부르는 말이래요. 제가 만나본 어떤 사람은 하루에 셀카 100컷을 찍어 페이스북에 올린 후, '좋아요' 1,000개를 받지 못한 사진은 내리는 일을 반복하다가 상담을 받기로 결심했습니다.

이런 극단적인 사례도 있지만, 많은 사람에게 사랑받고 싶은 욕망은 누구에게나 있습니다. 우리는 타인의 인정을 갈구하는 존재라 할 수 있죠. 칭찬은 고래도 춤추게 한다지 않습니까! 그런데 문제는 타인이 그 갈망을 어디까지 허용해주는가에 있습니다. 인정받고자 하는 욕망이 강한 사람과 만나면 매우 피곤해지거든요. 타인의 시선을 지나치게 신경 쓰는 사람과 일을 하면 짜증도 나고요.

남에게 인정받고자 하는 욕망과 타인의 시선에 민감한 태도는 남들에게 좋은 '평판reputation'을 얻고 싶은 마음에서 비롯됩니다. '평판의 심리'란 남이 나를 보는 시선으로 나를 바라보는 심리입니다.

가령, 지금 책을 읽고 있는 자신의 모습을 사진에 담아 SNS에 올려보세요. 그리고 '엄청 지루함. 기대와 많이 다름. 하지만 한 번쯤 읽어볼 만한 내용'이라고 포스팅해보세요. 그러면 당신을 팔로우한 사람들이 '좋아요'를 누르거나 '나도 읽어볼래'라고 댓글을 달지 모릅니다. 이 모든 행위를 작동시키는 것이 바로 평판의 심리입니다.

주로 혼자 지내도 문제가 없고 가끔씩만 다른 존재를 만나는 종이 있다고 하면, 그런 종에게 평판 심리는 진화하지 않았을 것입니다. 남이 나를 어떻게 평가할지 신경 써야 할 이유가 없을 테니까요.

하지만 사피엔스는 다릅니다. 영장류 중에서도 우리만큼 크고 복잡한 집단에서 조직 생활을 하는 종은 없습니다. 그래서 다른 구성원에게 자신이 좋은 평가를 받는 것은 매우 중요합니다. 타인으로부터의 평판은 자신의 생존과 번식에 직접적인 영향을 끼치기 때문이죠.

평판과 관련해 재미있는 실험이 많아요. 그중 영국 뉴캐슬 대학교의 멀리사 베이트슨Melissa Bateson과 대니얼 네틀Daniel Nettle은 이미지가 사람들의 행동에 어떤 영향을 미치는지에 관한 실험을 했습니다. 주인이나 아르바이트생이 없는 무인 카페를 설치해놓고 손님이 메뉴판을 보고 음료를 주문하게 한 다음 음료가 나오면 알아서 돈을 내고 가도록 했습니다.

카페에는 디자인만 조금 다를 뿐 메뉴와 가격 등의 내용은 동일한 두 종류의 메뉴판을 갖다 놓았습니다. 한 메뉴판에는 배경으로 꽃이 그려져 있었지만, 다른 메뉴판에는 인간의 눈이 그려져 있었죠. 이 실험은 꽃 메뉴판을 보고 음료를 주문할 때와 눈 메뉴판을 보고 음료를 주문할 때, 둘 중 어떤 조건의 사람이 더 많이 음료의 값을 제대로 지불했는지를 알아보는 것이었습니다. 실험 결과는 어땠을까요?

정직하게 돈을 내고 간 손님은 꽃 메뉴판을 본 그룹보다 눈 메뉴판을 본 그룹에서 세 배 정도가 더 많았습니다. 왜 그랬을까요? 그저 눈만 그려놓았

MENU

아메리카노	2,500원
카페 라떼	3,000원
카페 모카	3,000원
녹차	2,000원
허브티	2,000원

- 이곳은 무인 카페입니다.
- 음료 값은 직접 요금함에 넣어주세요. 감사합니다!

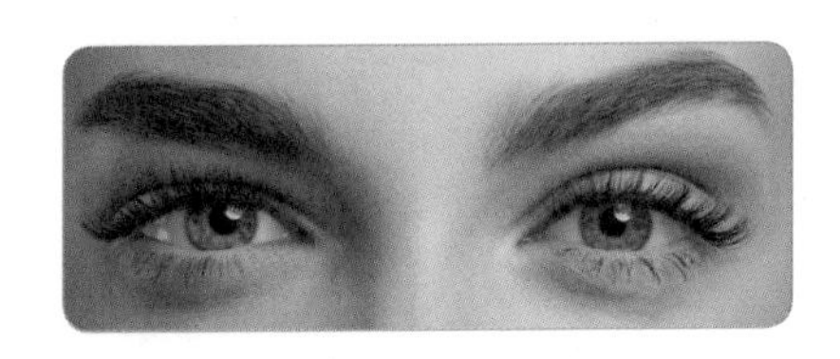

MENU

아메리카노	2,500원
카페 라떼	3,000원
카페 모카	3,000원
녹차	2,000원
허브티	2,000원

- 이곳은 무인 카페입니다.
- 음료 값은 직접 요금함에 넣어주세요. 감사합니다!

을 뿐인데 말입니다. 그 이유는 그려진 눈만 보고도 사람들은 누군가 자신을 보고 있다는 생각을 떠올리기 때문입니다. 눈 이미지가 인간의 평판 심리를 자극한 거죠. 누군가 나를 지켜보고 있다는 생각만으로도, 함부로 행동하는 것을 주저합니다. 심지어 사회적 규범을 지켜야 한다는 생각까지 하게 됩니다.

20여 년 전쯤 이경규 씨가 진행하는 MBC 프로그램에서 '양심냉장고'를 주는 캠페인이 있었습니다. 남이 보지 않더라도 교통법규를 준수하는 사람을 현장에서 카메라에 담아 냉장고를 선물하는 프로그램이었는데, 실제로 그 방송 기간 동안 교통법규 위반사례가 줄어들었다고 합니다. 혹시 자신도 몰래카메라에 찍힐지 모르니 창피하지 않기 위해 또는 냉장고를 받기 위해서라도 교통법규를 잘 지켜야겠다고 생각하는 이들이 적지 않았던 겁니다.

마치 전 국민에게 '방송 카메라가 당신을 보고 있을지도 모르니 좋은 평판을 받도록 처신하시오'라는 메시지를 준 셈이었습니다. 수많은 도로와 교차로에서 방송 카메라를 만날 확률이 얼마나 되겠습니까? 극히 적겠죠. 하지만 사람들은 이경규 씨를 떠올리는 것만으로도 노란 신호등에 브레이크 페달을 밟았던 겁니다.

심지어 '나를 지켜보는 신'을 떠올리는 것만으로도 행동은 신중해집니다. 교회에서 설교를 들은 직후에는 복잡한 교회 주차장에서 신경질을 내는 사람들이 많지 않습니다. 내 행동에 대한 타인의 평가를 넘어 신의 눈치까지 보는 경우라고나 할까요. 즉, 타 존재(인간이든, 신이든, 로봇이든)가 '나'를 지켜보고 있다는 생각과 느낌, 이것이 바로 평판 심리입니다.

왜 우리는 남의 시선에 민감한 것일까요? 이런 현상이 보편적이라면 그것의 진화적 이유를 생각해봐야 합니다. 남의 시선에 아랑곳하지 않고 자기가 원하는 대로 행동하는 사람과 남의 시선에 신경을 쓰면서 집단의 이익에 반하는 행동을 자제하는 사람이 있다고 해봅시다. 이 중 집단생활을 무사히 할 수 있었던 인간의 조상은 누구일까요?

우리는 평판에 둔감한 사람의 후예가 아닙니다. 평판에 둔감한 사람은 집단에서 생존하기가 어렵기 때문이죠. 낙인찍히거나 따돌림을 당했을 것이기에 그와 협력하고자 그에게 접근했던 사람은 없었을 겁니다. 다시 말하지만, 인간은 홀로 살아갈 수 없는 종이기 때문에 누구와도 협력할 수 없다면 말 그대로 끝입니다. 평판에 신경 쓰는 것은 이처럼 진화적으로 적응된 형질입니다.

협력과 평판의 관계에 관해서는 수많은 연구가 있습니다. 예를 들어, 열 명에게 1인당 1만 원씩 나눠주고 공동 계좌에 원하는 만큼 입금하라고 합니다. 입금된 금액은 세 배를 불려서 열 명에게 똑같이 나눠줍니다. 1,000원씩 열 명이 1만 원을 모으면, 1인당 3,000원씩 돌려받게 되는 셈이죠. 이런 상황에서 공동 계좌에 얼마를 입금하는 사람이 가장 큰 이득을 볼까요?

당연히 돈을 내지 않은 사람입니다. 남들이 낸 돈으로 자신에게 이득이 돌아오니까요. 물론 이런 이득은 누가 얼마를 냈는지 알려주지 않는 조건에서 발생합니다. 그래서 이 조건에서는 게임 라운드를 진행하면 할수록 공동 계좌에 입금하는 사람들의 수와 입금 액수가 줄어들고, 급기야 협력은 완전히 사라집니다.

반면에 '아무개가 지난번 라운드에서 얼마를 냈다'고 알려준다고 칩시다. 그 정보는 우리의 평판 심리를 작동시킵니다. 이렇게 평판이 작동하는 조건에서는 협력의 수준이 떨어지지 않고 상당히 오래갑니다.

재난이나 불행한 일이 닥쳤을 때 사회 곳곳에서 기부가 이어집니다. 특히 유명인들이 얼마를 기부했다는 내용이 크게 보도되기도 합니다. 익명으로 기부했다고 해도 결국 미담을 통해 기부자가 공개되는 경우도 많죠. 기부하는 데 왜 공개를 할까요? 자랑하려는 걸까요?

이름을 밝히는 기부는 의도가 순수하지 않다고 이야기할 수도 있습니다. 하지만 기부를 더 많이 받기 위해서는 기부자의 이름을 공개하는 게 훨씬 효과적입니다. 누가 얼마를 냈는지 아무도 모른다면 '공유지의 비극tragedy of the commons' 처럼 기부금 통장은 금세 텅텅 비게 될 것입니다.

공유지의 비극

소유주가 없는 공동의 목초지에서는 더 많은 소를 먹이는 것이 이득이기 때문에, 농부들이 많은 소를 끌고 와 결국 방목장은 황폐화되고 만다. 이와 같이 자신의 이익을 챙기기 위해 공유 자원을 함부로 사용해 발생하는 비극을 '공유지의 비극' 이라고 한다.

이처럼 모두가 평판에 민감하지만, 개인마다 그 민감성의 정도가 다른 것도 사실입니다. 남의 시선을 지나치게 의식해서 남의 인생을 대신 살아가는 사람도 있는 반면, 남의 시선 따위는 아랑곳하지 않는 사람도 있죠.

어떤 문화에서 살고 있는지에 따라 평판 민감도에 차이가 있을까요? 살면서 남의 시선을 매우 중시하는 문화가 있는가 하면, 그런 눈치를 덜 보는 문화가 있지 않을까 하는 거죠. 문화와 심리의 관계를 연구해온 사회심리학자에 따르면, 동아시아 문화권(한국, 중국, 일본) 사람들은 타인(가족과 친구)과의 관계를 통해 자기(self)를 규정합니다.

다시 말해 혈연, 지연, 학연이 자신을 규정하는 데 중요한 요소라는 것입니다. 자신을 누군가에게 소개할 때 '제 부모님은 ○○ 하시는 분이고, 저는 ○○ 출신이며, 학교는 ○○ 나왔고, 직장은 ○○ 다니고 있습니다'라는 식으로 이야기합니다. 자신을 독립적 특성이 아닌 관계와 소속으로 규정하고 있는 거

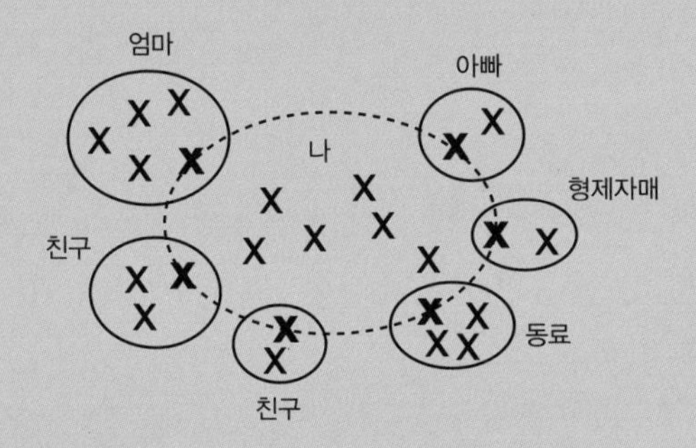

상호의존적 자기

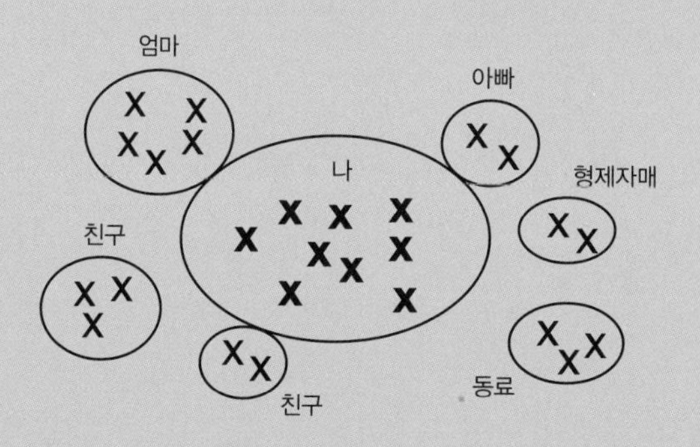

독립적 자기

상호의존적 자기와 독립적 자기의 비교

상호의존적 자기 개념을 가진 사람은 주변의 네트워크로 자신을 규정하는 특성을 지닌다. 독립적 자기 개념을 가진 사람의 경우 주변의 관계보다는 자신이 지닌 속성으로 자기 자신을 규정한다.

죠. 사회심리학에서는 이것을 '상호의존적 자기interdependent self' 개념이라고 합니다.

반면, 자기 자신을 더 독립적으로 규정하는 문화도 있습니다. 이 문화에서는 자신을 규정하는 데 친지, 고향, 직장 등이 먼저 등장하지 않습니다. 대신, "저를 소개하죠. 저는 캠핑을 즐기고 보라색을 좋아하며 정치는 딱 질색이에요."라고 말합니다. 타인과의 관계를 통해서가 아니라 자신이 좋아하고 싫어하는 것들을 통해 자신을 규정하는 식이죠. 이것을 '독립적 자기independent self' 개념이라고 합니다.

물론 이것은 문화적 차이에 대한 이야기이지 문화적 우열을 논하는 게 아닙니다. 오히려 더 흥미로운 질문은 왜 이런 차이가 발생했는지입니다. 어쩌면 우리 사회는 관계에 민감해야만 생존이 더 쉬웠던 환경이었고, 서양 사회는 개인의 욕망에 더 충실해야만 생존하기가 더 쉬웠던 환경이었는지도 모릅니다. 사회심리학자들도 처음에는 자기 개념에 대한 이런 차이가 단순히 동서양의 사상과 문화 차이에서 온 것이라고만 생각을 했는데, 최근에는 농경 방식의 차이 때문이라는 주장도 있습니다.

예컨대 중국의 양쯔강을 경계로 약 1,000년간 쌀농사를 지어온 남쪽 지역과 밀농사를 지어온 북쪽 지역의 경우, 쌀농사 지역 사람들은 더 집단주의적인 반면, 밀농사 지역 사람들은 더 개인주의적이라는 사실이 밝혀졌습니다. 왜 그럴까요? 쌀농사가 성공하려면 함께 관개시설도 만들고, 잡초도 뽑고 모도 심어야 하기에 많은 일손이 필요합니다. 반면에 밀은 약간 춥고 건조한 기후와 비옥한 토양만 있으면 쌀농사에 비해 손이 덜 갑니다.

쌀농사의 핵심이 농부들의 상호 협력이라면 밀농사의 핵심은 기후와 토양이죠. 이런 논리라면, 밥심으로 살아온 우리는 빵이 주식인 이들(대표적으로 서양인)에 비해 관계를 더 중시하고 평판에 더 신경쓸 수밖에 없었던 사람인 셈입니다. 연유가 어찌 되었든, 우리 사회가 서양에 비해 타인의 시선에 더 민감한 사회인 것은 분명해 보입니다.

저는 서울대학교에서 자유전공학부 학생들을 가르치고 있습니다. 자유전공학부에 입학한 학생들은 1~2학년 동안 여러 전공을 탐색해보고 자신이 원하는 분야를 자유롭게 선택해서 전공에 진입하게 됩니다. 자신이 원하는 공부가 무엇인지 심각하게 고민해보지도 못한 채 고등학교 내신과 수능점수에 맞춰 대학과 학과를 결정해야만 하는 입시 제도를 생각해보면, 입학 후에 전공 선택의 자유를 주는 제도는 말 그대로 특권이라 할 수 있습니다. 제가 다시 대학을 갈 수 있다면 자유전공학부에 입학하고 싶을 정도로 부러운 특권이죠.

그런데 대학에서 10년쯤 학생들을 가르치다 보니 전공 선택을 앞둔 학생들에게 흥미로운 시기가 있다는 사실을 발견했습니다. 그 시기는 대개 1학년 겨울방학이 끝날 때쯤 찾아옵니다. 가령, 미술사에 관심이 많아서 미학을 전공하고 싶다는 학생, 인류의 과거에 대해 알고 싶어 고고학을 전공하고 싶다는 학생이 이 시기에 어두운 표정으로 제 방문을 두

드립니다. 부모님과 싸우고 가출을 했다는 학생도 있었습니다. 부모님의 불만은 늘 이런 식입니다. "원하는 전공을 마음대로 고를 수 있는데 취업에 도움이 될 것 같지도 않은 비인기학과를 왜 굳이 택하려고 하느냐!"

가출하면서까지 전공을 쟁취하는 학생은 드물지만, 부모님이 원하는 인생을 대신 살기로 결심하는 학생은 더러 있습니다. 대체로는 타협책으로 부모님이 원하는 전공(가령, 경제학이나 경영학)과 자신이 진짜 원하는 전공(가령, 철학이나 인류학)을 둘 다 선택하는 지혜로운(?) 친구들이 많지요. 그래서 저는 학생들이 1학년 겨울방학이 끝나기 전까지는 전공 선택에 대한 고민을 그리 심각하게 받아들이지 않습니다. 전공 선택을 놓고 흔들리는 학생들에게는 늘 이렇게 조언하죠. "이젠 더 성장하기 위해 부모님으로부터 정신적 가출을 해야 할 때"라고요.

하지만 안타깝게도 자신의 미래를 걱정하는 학생들의 표정에서 저는 그 부모님의 걱정스러운 표정을 읽을 수 있습니다. 걱정은 표정을 통해 전염되기 때문입니다. 자신이 좋아하는 것을 하겠다고 당당하게 말한 자식에게 화나거나 걱정스러운 표정을 짓게 되면 자식도 거울신경세포들의 작동으로 그런 표정을 똑같이 짓게 되고 이내 주눅이 듭니다. 그리고 때로는 자신의 욕망을 접습니다. 부모의 삶을 살기 시작하는 거죠.

잠시 생각해보세요. 여러분은 누구의 시선으로 살고 있나요? 타인의 시선에 압도되어 결국 다른 사람의 인생을 대신 살아가는 이들이 적지 않습니다. 남이 나를 어떻게 보는가에 따라 내 삶을 결정하는 것이죠. 우리 사회처럼 초·중·고등학교 때 자기 결정을 해보지 않은 환경이라면 이러한 경향이 더 두드러집니다. 요즘 자주 이야기되는 '결정 장애'는 한순간에 발생한 일시적 장애라기보다는 삶의 작은 부분조차 스스로 결정을 내리지 못하고 남에게 양도해온 사람이 겪는 습관입니다.

직장인도 마찬가지입니다. 열심히 일한 덕에 회사가 돈도 많이 버는 것 같은데 왜 자신은 번아웃된다고 느낄까요? 열심히 일은 하지만 상사가 시킨 일을 하고 있다고 생각해서입니다. 자율성autonomy이 훼손되면 행복하지 않거든요.

노르웨이, 스웨덴, 덴마크, 핀란드 같은 북유럽 국가는 국민 행복지수가 아주 높습니다. 행복심리학자에 따르면, 북유럽 사람들의 행복 요인은 자율성에 있습니다. 자기 스스로 결정한다면, 심지어 잘못된 결정이라 하더라도 행복하다는 거죠. 행복지수가 가장 높은 나라이면서 이혼율도 세계 최고인 핀란드를 이해하려면, 바로 자율성 또는 개인주의가 행복의 중요한 요인임을 알아야 합니다. 이혼해도 자기가 결정한 것이면 행복할 수 있다는 것이죠.

우리는 결혼생활이 그다지 행복하지 않은 경우를 많이 접합니다. 배우자를 선택할 때에도 남의 시선을 생각하기 때문이죠. 게다가 부모, 형제, 친구 들이 실망할까봐 불행한 결혼생활을 끝내지도 못합니다. 집단생활을 해온 사피엔스는 남의 시선을 의식하지 않을 수 없는 동물입니다. 하지만 이것이 너무 지나치면 자율성이 훼손되기 때문에 불행해집니다. 이런 맥락에서 우리는 조금 더 자율적일 필요가 있습니다. 눈치를 덜 보는 삶을 살아야 합니다.

자, 그렇다면 어떻게 하면 좋을까요? 오늘부터 남의 시선은 신경쓰지 말자고 다짐하면 자동적으로 더 자율적인 존재가 될까요? 물론 그런 자동은 없습니다. 하지만 다짐하고 실천해보고, 또 다짐하고 실천한다면, 어느덧 타인의 시선으로부터 서서히 자유로워지지 않을까요. 남의 인생을 살다가 어느 순간 내 인생을 살게 되지 않을까요.

2018년 9월 24일 BTS의 리더인 RM이 미국 뉴욕 유엔본부의 유엔아동기금(유니세프) 행사에서 한 연설은 매우 감동적입니다. 그 연설문에는 다음과 같은 고백이 담겨 있었습니다.

예전에 발매한 앨범의 인트로 부분에는 "아홉이나 열 살쯤 내 심장은 멈췄다"라는 가사가 있습니다. 돌아보면, 그 시절 저는 다른 사람들이 나를 어떻게 생각할까를 걱정하기 시작했고 그들의 시선을 통해 나 자신을 보기 시작했습니다. 밤하늘과 별을 올려다보는 것을 멈췄고 꿈꾸기를 중단했습니다. 대신 다른 사람들이 만들어놓은

틀에 나 자신을 밀어 넣으려고만 했습니다. 이내 제 자신의 목소리는 전혀 들리지 않았고, 다른 사람들의 목소리를 듣기 시작했습니다. 아무도 저의 이름을 불러주지 않았고 저 또한 그랬습니다(저 또한 제 이름을 불러주지 않았습니다). 제 심장은 멈췄고 제 눈은 감겼습니다. 이처럼 저와 우리 모두는 우리의 이름을 잃어버렸습니다. 우리는 유령이 되었습니다. 하지만 저에게는 안식처가 있었는데 그것은 음악이었죠. 제 안의 작은 목소리가 이렇게 외쳤습니다. "일어나, 네 자신의 목소리를 들어봐."

모두에게 칭찬받고 싶고, 누구에게나 좋은 평판을 얻고 싶은 분이 계시다면, 그것은 불가능한 미션이라고 말씀드리고 싶습니다. 우리는 서로를 평가하는 기준들이 다르기 때문입니다. 그 위대한 예수도 자신의 동네에서는 환영받지 못했다고 하지 않습니까? 그러니 남에게 피해를 주지 않는 선에서 적극적으로 자신의 삶에 자신만의 색깔을 입히는 게 중요하다고 생각합니다. 여러분의 인생극장에서 주인공은 관객이 아니라 여러분 자신임을 잊지 마십시오.

4장

경쟁에 대하여

경쟁과 배려의 상관관계

꼭 타인과 경쟁해야 할까요?
이기는 것만이 답일까요?

초·중·고등학교를 지나면서 계속되었던 시험과 입시……. 학교만 졸업하면 끝일 줄 알았는데 그것도 아니더라고요. 겨우 취업하고 나니 직장에서도 보이지 않는 경쟁이 있습니다. 힘들지만 그렇다고 경쟁에서 뒤처지고 싶지는 않아요. 가끔은 나를 발전시키는 원동력인가 싶다가도, 쓸데없는 경쟁심에 불타서 나 스스로를 옥죄고 있는 것 같습니다. 타인과의 비교를 멈추라는 조언을 많이 접했지만, 말처럼 쉽지 않더라고요.

SNS나 인터넷을 통해 남들 사는 모습을 쉽게 볼 수 있는 요즘, 나랑 비슷하게 노력하는 사람의 성과가 더 좋아 보이면 마음이 괴롭습니다. 이렇게 괴로워하는 제 모습이 싫어서 더 괴로워지고요. 어디서부터 다시 생각해야 마음이 좀 편해질까요?

Competition

경쟁에 대한 고민이 많죠? 우리 사회는 경쟁에 대한 생각마저도 양극화되어 있습니다. 경쟁은 좋은 것이고 진보를 만들어내는 가치이며 필수적이라고 주장하는가 하면, 다른 한쪽에서는 경쟁은 나쁜 것이고 파괴로 가는 길이며 피해야 할 가치라고 말합니다. 이 양극단 사이에서 우리는 타인과 경쟁하면서 느끼는 열등감과 우월감, 피곤함과 죄책감, 소외감과 자신감의 경계를 넘나드느라 힘든 일상을 살아가고 있습니다.

경쟁에 대한 올바른 태도가 무엇인지를 논하기에 앞서, 경쟁 자체에 대해 먼저 이야기해볼까 합니다. 경쟁은 왜 발생하는 걸까요? 160년 전쯤 자연 선택 이론을 제시한 찰스 다윈Charles Darwin은 자원의 희소성 때문에 생명체 사이의 경쟁은 불가피하다고 주장했습니다. 자연 선택 메커니즘이 작동하려면 희소한 자원을 차지하기 위해 생명체 사이의 경쟁이 있어야 한다는 거죠.

더 거슬러 올라가면 이런 생각은 《인구론》으로

유명한 토머스 맬서스Thomas Malthus에서 왔습니다. 그는 다윈보다 먼저 '생존 투쟁struggle for existence'이라는 개념을 생각해냈습니다. 다윈은 인간 세계뿐만 아니라 자연 세계 전체에 이 개념을 적용했습니다. 자원이 차고 넘치지 않는 한 경쟁은 피할 수 없는 생명의 조건입니다. 원하든 원하지 않든, 자원이 부족한 이상 어떤 생명체든 피해갈 수 없는 조건이 바로 '경쟁'입니다.

긍정적으로 말하면, 경쟁은 진화의 동력입니다. 하지만 생명은 경쟁의 바퀴만으로 굴러가지 않습니다. 협력도 필요하죠. 경쟁이나 협력은 생명체의 궁극적 가치가 아니라 '생존과 번식'이라는 생명체의 궁극적 목표를 달성하기 위한 상이한 전략인 셈입니다.

특히 대규모의 집단생활을 해온 사피엔스에게 경쟁은 사회성과 관련해서 묘한 측면이 있습니다. 기본적으로 경쟁이란 타인이 있기 때문에 존재합니다. 남과 비교해서 내가 더 많이 가졌는지 남이 더 가졌는지를 민감하게 감지하는 것에서 경쟁은 시작됩니다. 따라서 경쟁은 타인과의 비교에서 출발한다고 할 수 있습니다. 비교해서 내가 뒤처져 있다면 경쟁심을 더 강하게 발동하고, 앞서 있다면 경쟁심을 멈추기보다는 늦추지 않는 쪽으로 갑니다.

남과 비교하는 건 피곤한 일이지만, 어느 정도는 적응적 행동이라 할 수 있습니다. 남의 성취에 무관심했던, 그래서 눈뜨고 코 베인 이들은 우리 조상이 아닙니다. 그렇다고 해서 맨날 전 세계 일등이었어야 되는 것은 아니었습니다. 그저 자기 동네에서 자기 주변 사람 중에 조금이라도 더 나으면 됐죠. 내 옆 사람보다 잘하기만 하면 됩니다.

이렇게 본다면 우리 삶 자체가 크고 작은 경쟁의 연속이라 할 수 있습니다. 잠시 화장실에 다녀오는 사이에 내가 점찍어둔 멋진 이성은 다른 사람과 이야기를 주고받을지 모르고, 당신은 그렇게 짝짓기 경쟁에서 밀려날 수도 있으니까요.

자, 그러니 이 경쟁에 대해 생각을 정리해놓는 것은 일상을 피곤하지 않게 살아가는 지혜로운 일이겠지요. 이를 위해 경쟁의 반대편에 있는 협력에 관해 이야기해보려 합니다. 이 문제 역시 영장류 전체의 관점에서 살펴볼 필요가 있습니다.

미국 에모리 대학교 여키스 영장류연구소의 프란스 드 발Frans de Waal 교수는 꼬리감는원숭이Capuchin monkey가 공정성fairness을 가지고 있는지 알아보기 위해 흥미로운 실험을 생각해냈습니다.

두 마리의 꼬리감는원숭이가 있습니다. 나란히 각자 다른 우리에 갇혀 있지만 서로를 볼 수 있죠. 연구자가 토큰을 건네면 원숭이는 연구자에게 다시 돌려줍니다. 그것이 이 실험에서 그들이 수행하는 일입니다. 일을 했으니까 보상으로 오이를 줬습니다. 오이는 달진 않지만 그럭저럭 먹을 만한 보상입니다. 두 원숭이는 오이를 받아먹고 행복해했어요. 이런 훈련을 수백 번 하는 동안 아무런 문제가 없었습니다.

그러던 어느 날 한 마리를 당혹스럽게 만드는 실험이 이루어집니다. 오늘도 그에게는 오이가 보상으로 주어지지만, 다른 한 마리에게는 오이 대신 포도가 보상으로 주어졌습니다. 포도는 달고 맛있어서 원숭이들이 무척 좋아하는 먹이입니다. 오이가

1,000원짜리 보상이라면 포도는 1만 원짜리인 셈이죠. 오이를 보상으로 받았던 둘에게 이제 차이가 발생한 겁니다. 어떻게 되었을까요?

오이를 보상으로 받은 원숭이는 받은 오이를 연구자에게 집어던지고 창살을 흔들며 억울함과 분노를 표출합니다. 마치 "왜 내게만 이딴 걸 주냐. 너나 먹어라 이놈아!"라고 외치는 것 같습니다. 오이도 보상으로 나쁘지 않고, 어제까지도 별문제 없이 잘 받아먹지 않았나요? 오이를 집어던지고 창살을 잡고 흔드는 영상을 보여주면 모두 박장대소를 합니다.

그렇게 웃는 사람이라면 오이를 받은 원숭이의 상황에 공감한 거겠죠? 우리 인간은 더 합니다. 카페에 아르바이트를 하러 친구랑 같이 갔다고 생각해보세요. 같은 날 채용되어 일하기 시작했는데 두 달이 지난 후에 우연히 친구의 급여명세서를 보게 되었어요. 친구가 나보다 시급을 3,000원씩이나 더 높게 받는다는 사실을 알게 되었습니다. 아마 그날로 점장에게 따지거나, 부당한 처우로 소송을 걸 수도 있습니다. 그 사실을 말해주지 않은 친구와 절교할 수도 있어요. 사피엔스는 원숭이보다 부당함에 훨씬 더 민감하게 반응하기 때

꼬리감는원숭이의 보상 실험

오이를 보상으로 받던 원숭이는 다른 원숭이가 포도를 보상으로 받자, 오이를 연구자에게 집어던지며 포도를 보상으로 요구한다.

문입니다.

이 실험이 흥미로운 점은 원숭이조차 공정성의 원초적인 감각을 가지고 있는 게 아닐까 추측할 수 있다는 거죠. 공정성은 윤리와 도덕의 시작입니다. 자, 여기까지는 부당한 대우를 받았다고 느끼는 이들에 관한 이야기였습니다.

포도를 보상으로 받은 원숭이의 마음은 어떨까요? 동일한 노동을 했는데도 남보다 더 높은 보상을 받는 경우 말이죠. 오이 대신 달콤한 포도를 먹으니까 그저 좋았을 겁니다. 다른 원숭이가 뭘 먹든 무슨 상관이겠어요. 실제로 포도를 먹은 원숭이는 동료의 분노에도 아랑곳하지 않고 행복하기만 합니다.

사람들 사이에서 이런 일이 발생한다면 어떻게 될까요? 적지 않은 사람이 더 낮은 보상을 받고 일하는 이들에게 미안함을 느낄 것입니다. '쟤가 화날 텐데 내가 해줄 수 있는 건 없을까?'라고요.

이와 관련해 아이들을 대상으로 한 흥미로운 실험이 있습니다. 연구진이 만든 특정한 기구 안에 구슬 네 개가 있습니다. 두 아이가 기구에 달린 줄을 양쪽에서 동시에 잡아당기면 구슬이 두 개씩 공평하게 떨어집니다. 아이들에게 구슬은 보상의 일종입니다. 그런데 실험 장치를 조작해서 두 아이가 양쪽에서 함께 잡아당겼을 때 한 아이에게는 구슬이 한 개, 다른 아이에게는 구슬이 세 개가 떨어지도록 했습니다. 이때 구슬 세 개를 받은 아이의 행동을 살펴보는 것입니다.

여러분이라면 어떻게 하겠습니까? 구슬 하나를 받은 아이는 표정이 약간 일그러집니다. 이때 구슬 세 개를 받은 아이는 엄청 좋아서 춤을 출까요? 아닙니다. 세 개 중에서 하나를 상대편 아이에게 건네줍니다. 이 얼마나 아름다운 배려입니까? '동등하게 기여했으니 걔도 똑같은 보상을 받아야 해.' 예쁜 생각이잖아요. 하지만 오해하진 마십시오. 모든 아이가 그렇게 행동하지 않습니다.

독일 막스플랑크 연구소의 마이클 토마셀로Michael Tomasello 교수 연구팀에 따르면, 75퍼센트 정도의 아이가 이런 배려 행동을 했습니다. 또 한 가지 흥미로운 사실은 구슬을 세 개 받은 아이가 하나 받은 아이에게 두 개를 주진 않았다는 점입니다. 상대의 억울함을 무마해주고는 싶지만, 손해를 보고 싶지 않았던 거죠.

'배려'는 인간의 고유한 특징입니다. 앞서 보았듯이 원숭이 세계에서 배려는 존재하지 않습니다. 우리와 같은 유인원에 속하는 침팬지의 세계에서나 배려 행위가 드물게 나타날 뿐입니다. 비슷한 상황에서 침팬지가 전형적으로 어떻게 행동하는지 알아보겠습니다.

1940년대 에모리 대학교의 여키스 영장류연구소에서 실시한 침팬지 협력 행위 실험은 아직도 그 영상이 남아 있습니다. 두 마리의 침팬지가 우리 안에 갇혀 있고, 손이 닿는 곳에는 밧줄 두 개가 있습니다. 밧줄은 철창 밖 먹이가 놓인 널빤지에 연결되어 있죠. 널빤지가 무겁기 때문에 두 침팬지가 각자의 밧줄을 동시에 잡아당겨야만 먹이를 끌어올 수 있습니다. 널빤지를 끌어다가 각자 자기 앞에 놓인 먹이를 먹으면 됩니다.

그런데 둘 중 하나는 배가 불러서인지 밧줄을 당기고 싶지 않은 모양이에요. 배가 고픈 다른 침팬지는 어떻게 할까요? 상대를 독려해 밧줄을 당기게 하죠. 결국 둘이 힘을 합쳐 널빤지를 철창 앞까지 끌어당겼어요. 그런데 배가 고픈 침팬지가 먹이를 손에 넣자마자 얌체짓을 합니다. 자기 앞에 놓인 먹이는 그대로 둔 채 상대 침팬지의 먹이부터 집어 먹는 겁니다.

협력하게 만든 다음에 그렇게 해서 얻은 먹이를 가로채가는 거죠. 혹시 주변의 누군가 떠오르시나요? 우리 주위에는 그런 사람이 꼭 한두 명은 있죠. 차이가 있다면 침팬지 사회에서는 이런 행위가 일반적인 경우인 반면, 우리 사회에서는 바람직하지 않은 나쁜 행동으로서 일탈의 경우로 인식된다는 점입니다.

침팬지 사회에서도 협력은 있습니다. 보노보나 코끼리의 경우에도 협력은 존재합니다. 포유류 사회에서 협력은 그리 낯선 것이 아닙니다. 하지만 인간과 다른 포유류의 협력이 다른 점 중 하나는 그 동기와 목적에 있습니다. 앞선 실험에서처럼 원숭이와 침팬지의 협력은 자신의 이득을 최대화하기 위한 것인 반면, 인간의 경우는 타 개체에 대한 배려가 있는 협력이라고 할 수 있습니다.

영장류학, 심리학, 뇌과학을 비롯한 인간에 대한 모든 과학은 지상에서 배려와 협력을 가장 잘하는 종이 우리 인간이라고 말하고 있습니다. 그런데 참 이상합니다. 우리는 인간이 다른 동물에 비해 더 잔혹하고 악랄하며 이기적이라고 알고 있거든요. 이것은 그야말로 '가짜 뉴스'입니다.

"침팬지가 총 쏘는 기술을 배울 수 있다면 인간보다 더 많은 살상을 했을 것"이라고 40년 동안 야생 침팬지를 연구한 제인 구달Jane Goodall이 수없이 이야기해도 대부분은 잘 믿지 않죠. 그냥 인간을 가장 잔혹한 종이라고 스스로 낙인찍은 느낌이에요.

이런 가짜 뉴스에는 미디어가 한몫했다고 봅니다. 온 가족이 보는 TV 프로그램 〈동물의 왕국〉에는 동물들의 잔혹한 행동은 미화되거나 아예 등장조차 하지 않습니다. 미국의 뉴스 채널 CNN은 일주일이 멀다 하고 지구 어딘가에서 벌어지는 분쟁을 마치 전쟁인 양 생중계합니다. TV 뉴스나 신문은 연일 추악한 사건을 보도하느라 바쁩니다. 이 모든 것이 우리 스스로에 대한 왜곡된 이미지를 만들고 자연스럽게 사피엔스를 가장 잔혹한 종이라고 착각하게 만드는 거죠. 하지만 이것은 편견입니다.

물론 우리는 스스로가 얼마나 이기적이고 잔인한 존재인지를 잘 압니다. 장애인을 거세해서 아이를 낳지 못하게 한 곳은 불과 100년 전의 유럽이었습니다. 죄를 지으면 돌로 쳐서 죽이고 사지를 찢었던 때가 불과 500년 전입니다. 하지만 다른 동물의 세계는 더 끔찍합니다. 그런 끔찍한 정글에서는 문명이 피어날 수 없습니다.

우리가 지구상의 동물 가운데 유일하게 문명을 이룩한 종이라는 사실은 사피엔스에게는 경쟁을 넘어서는 무언가가 더 있었다는 뜻이기도 합니다. 상대를 누른 승리자가 모든 것을 차지했었다면, 즉 타인이나 타 집단에 대한 배려와 협력이 없었다면, 문명이 설령 탄생했을지라도 바로 파괴되었을 것이기 때문입니다. 누군가가 "싸움에서 이겼지만 상대를 배제하면 안 돼!" "우리 집단으로 받아들이고 함께 가자!"라고 했기에 인류 집단은 점점 확장될 수 있었던 것이죠. 협력과 배려가 없는 종은 문명을 만들 수도 지속할 수도 없습니다.

왜 우리 사회는 경쟁에 민감할까요? 유엔 산하 지속가능발전네트워크Sustainable Development Solutions Network, SDSN에서는 2012년부터 거의 매년 세계행복보고서를 발표하는데요, 상위권은 늘 북유럽 국가들이 차지하고 있습니다. 저는 북유럽 사회가 각종 갈등을 어떻게 해결하고 있는지 궁금해서 여러 분야 교수들과 북유럽의 정치와 문화에 대해 공부한 후에 2017년 여름 핀란드와 노르웨이, 덴마크를 방문했습니다.

우리는 방문한 곳의 교수와 연구자 들에게 질문을 던졌습니다. "대한민국과 비교해보면 기본적으로 경쟁을 하지 않는 것 같습니다. 도대체 이곳 국민들은 경쟁을 어떻게 생각하고 있는 걸까요?"

그들의 대답이 다소 충격적이어서 아직도 생생합니다. "여기에도 경쟁은 있습니다. 우리 아이도 좋은 대학에 보내고 싶어요. 하지만 경쟁 상대가 일차적으로 남은 아닙니다. 경쟁은 자기 자신과 하는 거니까요!"

뒤통수를 세게 얻어맞은 느낌이었습니다. 외적 보상이 아닌 내적 성취가 경쟁의 동기라고 말하다니요. 구도자의 어록에나 있을 법한 말이 아닙니까? 어떻게 이런 성숙한 인식을 할 수 있을까요? 우리는 북유럽만의 교육철학과 시스템이 이런 특별한 경쟁관('경쟁은 자기 자신과 하는 것')을 만들어낸 거라고 추측했습니다.

핀란드에서는 학생 스스로가 거의 모든 것을 결정하고 책임지는 훈련을 어릴 때부터 합니다. 타자와의 비교를 통해 우쭐하거나 우울하게 만드는 방식이 아니에요. 학교에서는 필요 이상으로 경쟁하는 것은 탐욕이라고 가르치죠. 스스로 선택한 것을 성취하는 것이 진정한 성장이자 성숙임을 강조하는 게 바로 그들의 교육철학이었습니다.

잘 알려져 있듯이, 핀란드에서는 중학교를 졸업하면 바로 고등학교에 진학하지 않습니다. 원하는 것을 다양하게 경험해보는 시간을 가집니다. 일종의 '갭 이어gap year'인데, 미국에서도 브라운 대학교를 비롯한 몇몇 대학에서 실시하고 있습니다. 대학에 합격하면 바로 입학하지 않고 1년 동안 사회생활을 경험하고 오게 합니다. 자기 자신의 욕망과 사회의 필요에 대해 스스로 고민하라는 취지입니다. 핀란드는 이 과정을 중학교 졸업 후에 하는 거죠. 만약 음악에 관심이 있다면 음악 학교나 학원에 가서 1년 동안 음악을 배웁니다. 자신이 정말 하고 싶은 게 무엇인지를 스스로 찾고 배우는 시간을 갖는 겁니다.

우리 중학교에도 비슷한 취지의 자유학기제도가 도입되긴 했지만, 학부모는 자녀가 시험을 안 보는 게 못마땅하기만 합니다. 대학 입시를 걱정하기 때문이죠. 요즘은 유치원 때부터 대학 입시를 기획해서 준비한다고 하니, 우리 아이들은 인격이 미숙한 상태에서 너무 빨리 경쟁 모드로 진입하는 셈입니다.

경쟁 트랙에 빨리 올라타는 것보다 더 중요한 것은, 앞서 보았듯이, 경쟁에 대한 인식입니다. 남과 비교하고 서열을 정하기 위한 경쟁을 경험하고 가르치는 사회일수록 행복은 모두의 것이 될 수 없습니다. 이런 사회에서 패자는 사회적 낙오자가 돼 승자를 원망하며, 결국 남의 자원을 빼앗아야 행복할 수 있다고 믿게 될 가능성이 큽니다. 반면, 자기 자신과 경쟁하는 성숙한 사회에서 패자는 성찰을 통해 자신의 부족

함을 돌아보게 됩니다. 그리고 승자는 타인을 이겨서가 아니라 자신의 목표를 달성했기에 만족감과 성취감을 느낍니다.

경쟁은 어느 사회에나 있습니다. 어떤 생명체든 경쟁은 피할 수 없습니다. 오히려 경쟁은 생명의 징표라 할 수 있습니다. 인간은 다른 동물과 달리 경쟁에 대해 인식할 수 있는 유일한 종입니다. 나쁜 경쟁과 좋은 경쟁, 미숙한 경쟁과 성숙한 경쟁 등을 구분할 수 있기도 합니다.

타인과의 비교가 아니라 자기 자신과의 경쟁을 통해 만족감을 얻는 것, 즉 과거의 나보다 오늘의 내가 더 나아졌기에 만족하는 것은 성숙한 경쟁입니다. 승자와 패자를 모두 행복하게 만드는 경쟁입니다.

제가 태어난 1971년에는 출생 인구가 95만 명 정도였습니다. 그때 태어난 사람은 1990년에 반드시 대학에 진학하는 게 1차 목표는 아니었습니다. 1990년대 대학 진학률은 33퍼센트 정도밖에 되지 않았거든요. 하지만 1990년대 이후에는 대학 진학률이 급격하게 상승해 2001년에는 처음으로 70퍼센트를 넘어서게 됩니다.

2008년에는 무려 83.8퍼센트였던 진학률이 최근 70퍼센트 선으로 줄어들긴 했습니다만, 대학 진학률로만 따져봤을 때 우리나라는 교육 선진국이 분명합니다. 대한민국 국민은 고등학교를 졸업하면 누구나 대학에 가야만 한다고 인식하고 있거든요.

하지만 복지 국가, 행복 지수가 높은 나라일수록 대학 진학은 선택 사항입니다. 무엇을 의미할까요? 그들의 사회에서는 같은 또래들이 같은 시기에 비슷한 학교를 목표로 서로 경쟁해서 승패를 가려야 하는 일이 벌어지지 않는다는 거죠. 경쟁이 집중되지 않고 분산된다는 이야기입니다. 같은 시기에 누구는 대입을, 누구는 취업을, 누구는 여행을 선택한다는 뜻입니다.

큰 경쟁은 대입에만 해당하지 않습니다. 명절날 금기 질문 4종 세트로 선정된, '학교는 어디, 취업은 언제, 결혼은 언제, 애는 언제?'는 비슷한 연령층의 청년들이 인생의 중요한 결정을 모두 다 비슷한 시기에 해야 한다는 통념에서 오는 불편한 질문입니다. 20대 초엔 대학에 가야 하고, 대학을 졸업하면 취업을 해야 하며, 자리를 잡기 시작하는 30대 초반엔 결혼을 해야 하고, 늦어도 30대 후반에는 아이를 낳아야 한다는 사회적 규범이 암암리에 작동하고 있는 겁니다.

우리 사회는 비슷한 연령층의 젊은이들이 공통의 목표를 향해 집중적으로 경쟁하는 시기를 대략 정해놓았습니다. 그런데 북유럽 국가를 보세요. 고등학교만 졸업하고 결혼하는 사람부터 삶을 즐기다가 중년에야 결혼하는 사람까지. 결혼을 한 번 하는 사람부터 여러 번 하는 사람까지 다양한 생활양식이 존재하고, 존중받고 있습니다. 그들에게 대학 입시철, 결혼 적령기, 출산 시기와 같은 단어는 존재하지 않습니다. 경쟁이 분산되어 있으니 모두가 행복합니다.

최근 우리나라는 초저출산 사회를 맞이했습니다. 2018년 합계 출산율(여성 1명이 평생 낳을 것으로 기대되는 자녀의 수)은 0.98명입니다. 서울시의 경우 0.76명입니다. 왜 이런 현상이 발생할까요? 저희 연구실에서도 저출산과 관련한 연구를 시작했습니다.

동물은 자기 자신이 극심한 경쟁적 상황에 놓여 있다고 감지하면 번식 전략이 아닌 성장 전략을 취합니다. 경쟁이 극심하면 자식을 낳아봤자 생존도 보장할 수 없기 때문이에요. 대신 번식을 미루고 자신의 성장에 에너지를 쏟아붓습니다. 자신의 경쟁력을 먼저 높인 후에 자식을 낳아 그 자식의 생존확률을 더 높이는 쪽으로 행동하는 것입니다. 어느 동물이나 마찬가지입니다.

따라서 사회가 경쟁적이라고 인식하면 자식을 낳지 않고 자기 자신에게 투자하는 전략이 개인을 위해 좋은 선택입니다. 사회 전체의 관점에서는 구성원 수가 줄어든다는 문제가 발생하지만 말이죠. 따라서 사회가 경쟁적이라면 저출산 사회로 가는 것은 자연스러운 현상입니다. 병리적인 문제가 아니라는 거죠. 적응인 셈이니까요.

문제는 지금이 초저출산으로 갈 만큼 극도로 경쟁적인 시대인가 하는 거죠. 출산 인구가 많았던 1970~1980년대에 비해 1990년대 이후의 세대는 연령별 인구 밀도 면에서 이전 세대에 비해 덜 경쟁적입니다. 게다가 현재는 과거보다 경제적으로나 복지에서나 훨씬 더 나아졌죠. 사람들의 의식 수준도 높아지고 민주주의도 발전했고요. 사회가 이처럼 더 좋은 방향으로 변화했으니 이전 세대에 비해 아이를 더 낳아야 하지 않을까요?

하지만 자세히 들여다보면 그렇지 않습니다. 경쟁적 상황에 대한 감지는 매우 상대적입니다. 거주자의 평균 연봉이 2억인 동네에서 연봉 1억을 받는 사람은 상대적으로 박탈감을 느낍니다. 그래서 우리도 지금은 경쟁해야 할 때라고 지각하는 거죠. 타인과 비교하면서 경쟁해온 이들은 현재가 과거보다 나아졌다고 결코 만족하지 않습니다. 옆 사람과의 비교 우위에 있어야만 행복합니다.

경쟁 지각은 주관적이기도 합니다. 객관적으로 상황이 나아졌어도 내가 어떻게 지각하느냐에 따라 계획을 보류하거나 진행하기도 합니다. 이런 맥락에서 '헬조선'이라는 말은 조심스럽게 사용해야 합니다. 그런 단어를 쓰는 순간 우리는 경쟁을 필요 이상으로 실제보다 과도하게 지각할 가능성이 높기 때문입니다.

진화의 역사에서 인류도 타인을 의식하고 비교하면서 경쟁심을 불태웠습니다. 하지만 경쟁에서 이기는 것만이 최선은 아니라는 사실도 사피엔스는 알게 되었습니다. 똑같은 노력을 했는데 내가 더 보상받았을 경우, 우리는 포도를 먹은 원숭이와는 다르게 상대를 배려할 수 있는 능력을 진화시켰습니다. 이런 배려와 협력이 우리를 유일한 문명 종으로 만들었습니다.

이제 한발 더 나아가야 합니다. 경쟁에 대한 생각 자체를 바꿔야 해요. 타인과의 경쟁이 아닌, 과거와의 경쟁(자신과의 경쟁)이 그것입니다. 한 가지 목표를 향해 모두가 경쟁하는 방식이 아니라 분산된 경쟁도 필요합니다. 그래야 승자도 패자도 없는, 모두의 성장으로 나아가는 경쟁이 되지 않을까요?

5장

영향에 대하여

귀가 너무 얇은 나,

왜 나는 남의 이야기에 흔들릴까요?

언젠가부터 주변 사람들한테 휘둘리고 있는 나 자신을 발견해요. 다양한 선택지 중에서 무언가를 결정해야 할 때 다른 의견을 제시하는 사람이 있으면, 원래 하려던 걸 밀어붙이지 못하고 주저하게 됩니다. 그러다 보니 다른 사람이 저를 우습게 볼까 걱정도 되고요.

인터넷에서 다양한 게시물을 보거나 나와 다른 입장의 글을 읽을 때마다 제 머릿속도 휙휙 바뀝니다. 위에 달린 댓글에 동의했다가 정반대의 아래 댓글에 생각이 바뀌기도 해요. 중심이 없는 것 같아서 종종 혼란스러움을 느껴요.

내가 좀 주관이 뚜렷하지 않을 뿐이지 큰 문제는 아니라고 생각할 때도 있지만, 자기 주장이 확고한 사람을 보면 부럽습니다. 타인으로부터의 영향은 어느 정도가 적당한 선일까요?

Influence

우리 주변에는 두 종류의 사람이 있습니다. '잡상인 사절'을 붙여놔야만 하는 사람과 그렇지 않은 사람이죠. 여러분이 만일 "누가 뭘 샀는데 되게 좋대"라는 말 한마디에 혹해서 바로 구입 버튼을 누른다면, '잡상인 사절'을 붙여놓아야 후회를 하지 않을 사람일 겁니다. 그리고 그런 사람이라면 드라마 주인공이 들고 나온 가방이 어느 브랜드인지 재빨리 검색할 가능성이 매우 높습니다. 사람들에게 휘둘리는 사람, 다른 이들의 의사결정에 크게 영향 받는 사람을 우스갯소리로 '팔랑귀'라고도 하죠.

사실 우리 모두는 타인의 의견에 귀를 기울이는 (아니, 귀를 기울일 수밖에 없는) 존재입니다. 집단생활을 영위해야 하니까요. 예를 들어, 주변 사람 모두가 특정한 곳에 가면 안 된다고 했는데도 그 말을 무시하고 갔다가 봉변을 당할 수도 있지 않겠습니까? 그러니 남들이 제공하는 정보와 의견에 영향을 받지 않겠다고 줏대 있는 척하는 게 꼭 좋은 것은 아닙니다.

우리가 정말로 질문해야 할 것은 각종 소셜미디어가 발달한 요즈음 우리가 타인에게 영향을 받는 방식은 어떻게 변화했으며, 그로 인해 우리는 얼마나 타인 의존적 삶을 살고 있는가일 것입니다. 이것은 결국 '사회적 영향social influence'에 관한 물음입니다.

2017년 영국의 한 회사에서는 노벨상 수상자 50명을 대상으로 "인류에게 최대의 위협이 될 존재는 무엇인가?"라는 설문조사를 시행했습니다. 그 결과 '인구 증가와 환경 문제'가 1위를 차지했습니다. 이 밖에도 핵전쟁과 전염병 등 우리가 예측 가능한 답이 상위에 올랐죠. 하지만 두 명의 노벨상 수상자는 AIArtificial Intelligence를, 한 명의 수상자는 '페이스북www.facebook.com'을 인류를 위협할 존재라고 대답했습니다. 인류가 어쩌면 페이스북의 '좋아요Like'를 누르다 멸망할지도 모른다는 겁니다.

페이스북을 만든 마크 저커버그Mark Zuckerberg는 기분이 좋지 않을 거 같아요. 페이스북은 문제가 발생할 때마다 "우리는 플랫폼이지 미디어 회사가 아니다. 제3자가 우리 플랫폼에서 무슨 일을 하든 우리는 책임이 없다"고 주장해왔습니다. 하지만 이런 답변이 무색해지는 사건들이 최근 몇 년 사이에 연이어 발생했습니다. 이른바 '데이터 스캔들'이 페이스북을 비롯한 소셜미디어의 문제점을 심각하게 드러내기 시작한 거죠.

2013년 영국 케임브리지 대학교의 데이터 과학자인 알렉산드르 코건Aleksandr Kogan은 사용자의 심리 상태를 분석해주는 'This Is Your Digital Life'라는 앱을 개발했습니다. 사람들의 성격 유형을 파악해주는 앱이었는데요, 케임브리지 애널리티카Cambridge Analytica, CA라는 데이터 분석 회사는 페이스북에 80만 달러(한화로 약 9억 원)를 주고 사용자 27만 명에게 이 앱을 내려받도록 유도했습니다.

이 앱은 이용자의 이름과 위치, 페이스북의 친구목록, '좋아요'를 누른 게시물 등을 파악했습니다. CA는 이렇게 수집한 개인정보를 통해 개인의 소비 성향은 물론 관심 있는 사회적 이슈와 정치적 성향까지 파악할 수 있었습니다. 앱을 내려받은 사람과 페이스북 친구를 맺었던 사람까지 포함해 총 8700만 명의 정보가 유출되었다고 해요. 이 정보는 미국 대통령 선거에 활용되면서 '데이터 스캔들'이라 불리며 논란을 불러일으켰습니다.

혹시 여러분은 페이스북에서 '좋아요' 버튼을 지금까지 총 몇 번이나 눌렀을까요? 당연히 기억나지 않을 겁니다. 그렇다면 한 번 로그인할 때마다 '좋아요'를 몇 번 정도 누르는지 물어보죠. 물론 사용자마다 버튼을 누르는 조건이 다를 겁니다. 제 경우 그리 까다롭지 않습니다. 페이스북에서 괜찮은 사진, 영상, 글이다 싶으면, 어떤 경우에는 대충 보고 '좋아요'를 누릅니다. 저의 절친이 쓴 글은 웬만하면 다 누릅니다.

의사결정에 대한 네트워크 과학에 따르면, 여러분이 페이스북의 여기저기서 '좋아요'를 200번 정도 누르기만 해도 페이스북 알고리즘은 당신의 절친이나 연인보다 더 정확히 여러분에 대해 알게 됩니다. '좋아요'를 300번 이상 눌렀다면 페이스북은 심지어 여러분 자신보다 여러분을 더 잘 안다고 합니다. 믿기지 않는 이야기죠.

이것이 어떻게 가능하냐고요? '좋아요'는 개인의 성향과 취향을 드러내거든요. 페이스북 알고리즘은 빅데이터를 분석해서 '좋아요'를 누른 이의 욕망의 패턴을 읽어냅니다. 이를 이용해 정치적으로 우파 성향인 사람에게는 우파에 필요한 정보를 보낼 수 있어요. 가령, 트럼프를 좋아하는 사람에게는 트럼프를 더 좋아하게 만들 수 있는 정보를, 트럼프를 싫어하는 사람에게는 트럼프를 좋아하게 만들 수 있는 콘텐

츠를 보낼 수 있습니다.

이제 페이스북은 사용자들의 친목을 촉진해주는 사회적 플랫폼에 그치지 않습니다. 맞춤형 정보 제공을 통해 이용자의 의사결정에 커다란 영향을 줄 수 있는 미디어의 기능도 하고 있습니다.

휘둘림의 역사는 심리학에서 오랫동안 연구해온 주제입니다. 이를 '동조conformity 연구'라고 합니다. 다음 페이지 그림에서 직선의 길이를 살펴보세요. 왼쪽 그림의 직선과 오른쪽 그림의 A, B, C 중에서 길이가 같은 것은 무엇일까요? 지각perception 기능에 문제가 없는 사람이라면 누구나 A를 고를 겁니다. 이런 경우에는 이견 따위가 존재하지 않아요. 딱 보면 아니까요.

그런데 만약 같은 공간에 있는 일곱 명 중에서 나를 제외한 여섯 명이 C를 정답으로 골랐다고 해봅시다. 내 차례가 왔을 때 여러분은 뭐라고 하겠습니까? '얘들이 눈이 삐었나? 왜 C라고 하지?'라고 생각하며 A라고 당당히 말할까요, 아니면 고민에 빠져 주저하다가 작은 목소리로 "C처럼 보여요"라고 답할까요?

실제로 이런 주제의 연구가 1950년대에 있었습니다. 하버드 대학교의 심리학자 솔로몬 애쉬Solomon Asch는 사람들이 타인의 판단에 얼마나 영향을 받

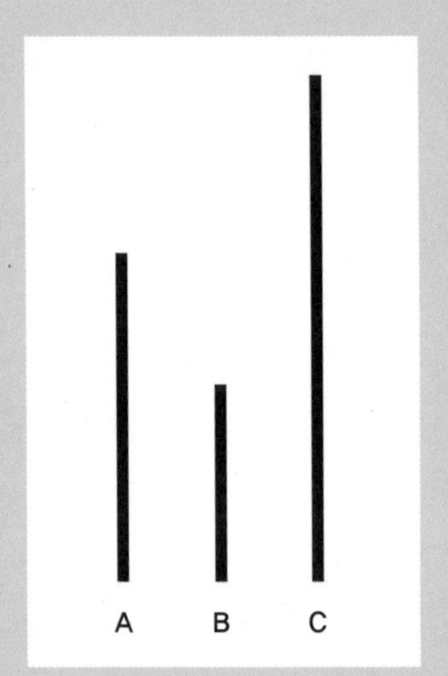

동조 연구

왼쪽 선과 오른쪽 A, B, C 중 어느 것의 길이가 같을까? 1950년대에 행해진 실험 결과에 따르면 응답자 중 76퍼센트가 적어도 한 번은 C라고 답했다.

는지 알아보는 실험을 했습니다. 실험 결과에 따르면, 앞선 질문을 받은 응답자 중 약 76퍼센트가 여러 번의 실험에서 적어도 한 번은 C라고 답했습니다.

만약 모두가 C라고 답하지 않고 서너 명이 B라는 또 다른 오답을 말했다면 결과는 어땠을까요? 오히려 답변자가 정답을 말할 확률이 높아집니다. 내 주변에서 나의 의사결정에 영향을 줄 수 있는 이들이 얼마나 많은가도 중요하지만, 그들이 어떤 다양한(또는 단일한) 목소리를 내는가도 중요하다는 것입니다. 그러니 일부러라도 오답을 주장하는 사람이 있어야 역설적으로 정답으로 나아갈 수 있는 가능성이 높아집니다. 모두가 획일적으로 동일한 오답을 주장하는 경우가 최악의 상황입니다.

제 연구실에서도 이와 비슷한 계열의 실험을 몇 년 전에 수행했습니다. 구글의 딥마인드가 개발한 인공지능 바둑 프로그램 알파고AlphaGo와 프로 바둑 기사 이세돌 9단의 대국을 기억하시나요? 2016년 3월 알파고와 이세돌 9단이 총 5회에 걸쳐 바둑을 두었는데요, 우리나라뿐만 아니라 전 세계의 이목을 집중시키는 흥미로운 사건이었습니다.

저는 이 역사적 사건에 사람들이 어떻게 반응할지 매우 궁금했고, 이 기회를 놓치고 싶지 않았습니다. 그래서 부랴부랴 연구 계획서를 제출하여 승인을 받고 대국을 전후해 사람들의 반응과 심리적 변화를 측정했습니다.

피험자는 서울대학교 학생 총 100여 명이었는데요, 대국 시작 며칠 전에 '총 다섯 번 치러지는 이번 대국에서 승패가 몇 대 몇을 이룰지', 첫 대국이 열리기 전날에 '누가 이길지', 그 날의 승패를 확인한 후에 '다음 판의 승패는 어떻게 될지'를 예측하게 했습니다. 그리고 피험자 모두에게 '에고 네트워크

ego-network'를 제출하도록 했습니다.

에고 네트워크란 자기의 절친 다섯 명의 이름을 적게 한 후에 그들 간의 관계를 표시한 네트워크입니다. 예를 들어, 저의 절친 다섯 명이 서로 잘 아는 사이라면, 저의 에고 네트워크의 밀도density는 최고치라 할 수 있습니다. 반면, 그들이 나와는 절친이지만 서로 전혀 모르는 사이라면, 에고 네트워크의 밀도는 최하입니다.

이런 경우 자신의 친구들이 서로 만나지 않게 일부러 단절을 시켰거나, 매우 다양한 경로로 친구를 두고 있는 좀 특이한 경우라고 할 수 있습니다. 보통 친하면 그 사람을 매개로 다른 친구도 서로 알게 되잖아요. 어쨌든 에고 네트워크의 밀도는 사람마다 다를 수 있습니다.

이 실험의 목적은 아직 일어나지 않은 사건에 대한 답변자의 예측 정확성이 그의 에고 네트워크 밀도와 어떤 상관관계가 있는지를 알아보기 위한 것이었습니다. 경영학자 배종훈 교수님과 공동으로 진행된 이 연구에서 우리의 가설은 밀도가 낮은 사람일수록 더 정확한 예측을 한다는 것이었습니다. 밀도가 낮다는 것은 자신의 친구들이 서로 모른다는 뜻이고,

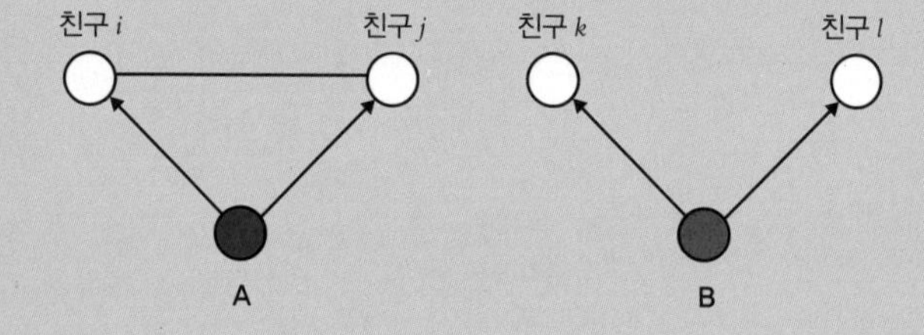

에고 네트워크

왼쪽 그림은 에고 네트워크가 닫혀 있는(밀도가 높은) 경우이고, 오른쪽 그림은 에고 네트워크가 열려 있는(밀도가 낮은) 경우이다.

그만큼 다른 의견을 접할 여지가 많아진다는 뜻이죠. 극단적으로 다섯 명의 절친이 서로 다른 다섯 가지 목소리를 낼 수도 있다는 것입니다. 아직 일어나지 않은 사건의 결과를 예측할 때는 여러 의견을 수렴하여 종합적 판단을 하는 것이 예측의 정확성을 높이는 길입니다. 따라서 정확한 예측을 위해서는 다양한 입력 정보를 받는 게 중요하겠죠.

반면, 밀도가 높은 사람은 그의 절친들이 서로 잘 아는 사이니 다섯 명의 의견이라 해도 서로 다른 의견일 가능성이 상대적으로 낮습니다. 극단적으로 여러분의 의사결정에 작용하는 다섯 명의 목소리가 사실상 한목소리일 가능성도 있습니다. 따라서 밀도가 높은 사람은 그만큼 정확한 예측에 불리합니다.

자, 알파고와 이세돌 대국의 결과는 어땠습니까? 알파고가 4 대 1로 압승을 했고, 이 결과는 충격 그 자체였습니다. 당시 전 세계가 반대 결과를 예상했었습니다. 게다가 인간 바둑 챔피언인 이세돌 9단이 대한민국 국민이었기 때문에 우리 사회가 받은 충격은 엄청났습니다. 대국이 열리기 전에 여러 전문가는 이세돌의 승리를 자신했었죠.

그렇다면 우리가 세운 실험의 가설은 잘 들어맞았을까요? 놀랍게도 그 와중에 알파고의 승리를 예견하던 소수의 사람이 있었고, 그 소수의 에고 네트워크를 분석해보니 신기하게도 밀도가 낮은 사람들이었습니다. 즉, 에고 네트워크의 밀도가 낮은 사람일수록 아직 일어나지 않은 사건에 대한 예측을 더 정확하게 한다는 가설이 입증된 거죠.

밀도가 낮은 사람은 다양한 의견을 듣게 될 가능성이 크기 때문에 알파고가 이길지도 모른다는 식의 이견도 경청했을 개연성이 높습니다. 반면, 밀도가 높은 사람은 새로운 정보와 의견을 듣기 힘든 폐쇄된 네트워크 속에 있다 보니 예측 정확도가 떨어진 거죠. 이 연구는 자신을 중심으로 한 네트워크가 열려 있을수록 더 정확한 예측을 한다는 사실을 보여줍니다.

대국의 결과를 예측하는 실험은 누구나 주변 사람에게서 크게 영향을 받는다는 사실에서 출발했습니다. 이제 우리는 그 주변인이 나를 중심으로 어떤 관계를 맺고 있는지에 따라서도 다른 영향을 준다는 사실도 알게 되었습니다. 앞선 실험의 결과는 이른바 팔랑귀를 의심하는 사람들에게 어떤 의미를 줄까요?

흔히 사업가나 정치인 중에 주변에 사람을 몰고 다니는 타입이 많습니다. 좋게 말하면 지지 세력이지만 나쁘게 이야기하면 가신 집단이죠. 자신을 지지하고 돕는 사람이 많으니 큰 힘이 될 수 있겠다고 생각할 수도 있습니다. 하지만 그 많은 사람이 단 하나의 목소리만 낸다고 상상해보세요. 잘못된 판단을 할 확률이 더 높아집니다.

정치인 중에서도 터무니없는 현실 인식을 가진 사람을 보게 될 때가 있습니다. 그런 사람의 주변을 보면 단 하나의 목소리를 내며 서로 끈끈하게 연결된 지지층을 목격하게 됩니다. 에고 네트워크의 밀도가 상당히 높은 집단인 거죠. 이를 '에코 챔버echo chamber 효과'라 부르기도 합니다. 에코 챔버는 원래 방송에서 연출에 필요한 에코 효과를 만들어내는 방을 뜻하는데요, 에코 챔버 효과란 자신이 뱉은 목소리가 반사되어 중첩되고 증폭되는 효과를 의미합니다. 이 의미가 확대되어 요즘은 소셜미디어를 통해 비슷한 성향의 사람끼리만 정보와 의견을 교환함으로써 결국 한목소리만 남는 현상을 지칭하기도 합니다.

에코 챔버 효과를 증폭시키는 '필터 버블filter bubble'이라는 현상도 있습니다. 이것은 정보 제공자가 이용자에게 맞춤형 정보만을 필터링해줌으로써 원래 있었던 편향을 더욱 증폭시키는 현상을 뜻합니다. 예를 들어, 과학책을 좋아하는 저는 페이스북에 뜬 과학 신간 페이지라면 늘 클릭해서 훑어봅니다. 그러다 보니 어느덧 페이스북에서 제가 보는 책 광고는 모조리 과학 신간으로 변했습니다. 저는 소설에도 관심이 많은데 말입니다.

제 페이스북 친구는 대략 3,000명입니다. 대부분 특정한 정치 성향의 사람들이죠. 보수적 정치 성향을 가진 사람들의 의견도 듣고 싶습니다만, 언제부터인지 제 페이스북에서 좀처럼 찾아보기 힘들어졌습니다. 페이스북이 저의 '좋아요' 클릭에 기반해 제가 선호할 만한 정보들로 필터링을 해줬기 때문입니다. 만일 나와 다른 생각과 가치관을 가진 사람의 일상을 보고 싶다면, 내가 공감하지도 않는 글에 '좋아요'를 억지로 눌러줘야만 합니다. 이 얼마나 웃기는 상황인가요?

물론 이것이 페이스북만의 문제는 아닙니다. 팟캐스트를 비롯한 다양한 형태의 개인 미디어나 트위터 같은 다른 소셜 미디어도 동일한 문제를 갖고 있습니다. 하지만 여기서 간과하지 말아야 할 것은 이렇게 미디어가 만들어내는 새로운 편향의 배후에 있는 인간의 오래된 심리입니다. '동조 심리'가 그것입니다.

타인의 의견에 동조하려는 본능은 줏대 없어 보이긴 하지만 생존에 도움이 되는 측면이 있습니다. 집단생활을 하다 보면 집단의 다른 구성원에게 왕따를 당하는 것보다 자신의 신념을 숨기고 비굴하더라도 타인에게 동조하여 받아들여지는 것이 더 유리할 때가 많습니다. 게다가 자신의 지식과 견해가 짧을 때 타인의 의견을 받아들이는 것은 매우 좋은 전략이기도 합니다. 또한 대세를 따르는 행위는 크게 나쁘지 않은 결과를 낳습니다.

따라서 동조 심리 자체는 인류의 진화사에서 오랫동안 진화하여 장착된 마음이라 할 수 있습니다. 다만, 작금의 소셜 미디어가 그 동조 심리를 활용하고 증폭시키며 심지어 갈취하기까지 한다는 것이 문제지요.

페이스북에 대해 이야기를 좀 더 해볼게요. 냅스터의 공동 창업자이자 페이스북의 초대 사장이었던 숀 파커Sean Parker는 2017년 페이스북을 박차고 나오면서 이렇게 말했습니다.

"소셜네트워킹은 인간 심리의 취약성을 착취한다. SNS 사용자는 사진이나 포스트를 올리고 '좋아요'나 댓글이 달리는 것을 확인한다. 이런 행위는 일종의 뇌 신경 물질인 '도파민'이 분출되게 만든다. …… 페이스북 사용자가 10억 명에서 20억 명으로 늘어났을 때 의도하지 않은 결과가 도출됐다. 소셜미디어는 사회 및 타인과 당신의 관계를 말 그대로 완전히 바꿔버렸다. …… 소셜미디어는 매우 이상한 방식으로 인간의 생산성에 해를 끼친다."

소셜미디어의 창시자가 한 발언이라는 게 믿어지지 않습니다. 페이스북이 사람들을 서로 지나치게 의존하게 만들어 에너지 낭비를 부추긴다는 자기 반성적 비판입니다. 모두를 과도하게 끊김 없이 연결하려는 기술이 출현한 이상, 우리 사회는 초연결 사회로 갈 수밖에 없지 않을까요? 과연 이 흐름에 역행할 수 있을까요?

홍미롭게도 무시할 수 없는 수의 사람이 소셜테크놀로지의 발전을 피해 아날로그로의 회귀를 선택하고 있습니다. 디지털 문명과 적당히 떨어져 '나 자신'을 찾으려는 몸부림이죠. 음원이 디지털화되면서 모두들 LP판은 곧 사라질 거라고 예측했습니다. 하지만 어떻게 되었나요? 사람들은 다시 LP판을 사 모으기 시작했고, 턴테이블과 함께 LP시장이 성장세로 접어들었습니다. 디지털 음원은 편리함을 주는 데 그치지만, LP판은 사람들에게 특별하고 충만한 경험을 주기 때문입니다.

책으로 시작해서 온갖 것을 온라인에서 판매하던 아마존도 최근에 오프라인 서점을 열어 크게 환영받고 있습니다. 우리나라에서도 몇 년 전부터 작은 규모의 다양한 서점이 생기고 있습니다. 온라인의 온갖 음악과 책의 추천에 방어막을 치고 나 자신의 취향에 충실하려는 욕망이 LP판과 서점을 부활시켰습니다. 아날로그는 흔들림 방지 기술입니다.

저도 이런 아날로그 흐름에 한 자리를 차지하고 있습니다.

평소 친하게 지내던 몇몇 과학자들과 함께 과학책만 전시하고 판매하는 과학 책방을 만든 거죠. 물론 책방에서 판매하는 모든 책은 온라인을 통해 살펴보고 구매할 수 있지만, 저희는 독자가 직접 와야만 경험할 수 있는 것을 만들기 위해 노력하고 있습니다.

저도 가끔 책방에 가서 독자를 만나거나 토론과 강연도 합니다. '작가의 방'에서 글을 쓰고 있는 저의 모습을 목격하실 수도 있습니다. 이것 역시 일종의 아날로그의 반격이라고 할 수 있겠죠?

다시 처음 질문으로 돌아가볼까요? 남의 말에 휘둘리기 싫은데 점점 더 그렇게 되어가는 것 같다고요? 자, 이제 몇 가지 팩트에서 출발해봅시다. 우리는 고립된 삶을 살 수가 없는 존재입니다. 따라서 주변 사람에게서 직간접적으로 매 순간 크고 작은 영향을 받습니다.

하지만 주변 친구들을 살펴보세요. 모두 같은 목소리를 내는 친구들인가요? 아니면 다른 의견을 가진 다양한 친구들인가요? 여러분의 네트워크는 활짝 열려 있나요, 아니면 얼마나 열려 있나요?

네트워크의 관점에서 보면 여러분도 하나의 노드nod(연결점)입니다. 주변의 여러 노드에서 입력을 받아 매일 수천 번의 의사결정을 하는 또 하나의 노드일 뿐입니다. 따라서 너무 닫혀 있거나 열려 있다면 올바른 선택을 하지 못할 수 있습니다.

우리에게는 적절한 개방성이 필요합니다. 그 적절함이 어느 선인지는 개인마다 다르고 인생의 단계마다도 다릅니다. 어린이는 어른에 비해 휘둘릴 수밖에 없습니다. 노인의 '휘둘리지 않음'이 꼭 좋은 것만도 아닙니다. 새로운 정보, 의견, 가치를 받아들이는 것도 필요하니까요.

현대사회는 소수의 주변 사람으로부터 위험과 생존에 대한 정보를 얻었던 수렵·채집기와는 집단의 규모 자체가 상당히 다릅니다. 우리에게 영향을 주는 채널 역시 무척 많고 다양해졌습니다. 그래서 때로는 내 의견과 선택이 무엇인지 헷갈립니다.

어쩌면 이런 초연결 사회에서는 '자율적이고 독립적인' 의사결정이란 애초에 존재하지 않는 것인지도 모릅니다. 여러분이 읽고 있는 이 책도 결국엔 페이스북이 필터링해준 추천 때문이었을 수도 있을 테니까요. 자, 그러니 내 주변에 어떤 노드들이 있는지 먼저 살펴보시기를!

6장

공감에 대하여

공감의 반경과 관계의 미래

인간은 AI와 친구가 될 수 있을까요?

다양한 AI 스피커에 똑같은 질문을 했을 때 어떤 대답이 나오는지 실험하는 동영상을 봤어요. 전혀 상관없는 대답을 하는 스피커를 보면서 깔깔대며 웃다가 정확한 대답을 하는 스피커를 보고는 깜짝 놀랐습니다.
AI 기술이 상용화되기까지는 아직 먼 상태라고 생각했는데, 실제로 유용하게 쓰는 친구도 많더라고요. 스마트폰의 음성 인식 기능을 잘 활용하는 친구는 기계에 익숙해지면서 자기도 모르게 의존하는 부분이 생기고, 어떨 땐 사람처럼 대화하기도 한다고 해요.
얼굴이 없는 기계에도 정을 주는 게 사람인데, 외형마저 사람 같은 로봇이 등장한다면 어떻게 될지 궁금합니다. SF 영화에서처럼 '나'를 대신할 수 있지 않을까 하는 섬뜩한 상상도 해보고요. 가까운 미래에 인간은 AI와 친구가 될 수 있을까요?

Empathy

지금까지 관계의 과거와 현재에 관해 이야기했으니 이제 미래에 초점을 맞춰보겠습니다. 알파고의 등장 이후 우리 사회는 인공지능AI이 인간의 삶에 미치는 영향에 대해 수많은 이야기를 하기 시작했습니다. 가장 민감한 주제는 역시 일자리 문제였습니다. "과연 AI(이 글에서는 '로봇'이나 '기계'도 같은 의미로 사용하겠습니다)가 현재 우리가 하고 있는 일들을 대체하게 될까요?", "가까운 미래에 인간의 노동은 어떻게 달라질까요?"

중요한 질문입니다만, 제 생각에 더 근본적인 질문은 이렇습니다. 'AI가 보편화된 미래 사회에서 인간관계는 과연 어떻게 변할까?' 아니, '인간과 AI는 어떤 관계를 맺을 수 있을까?' 더 쉽게, '인간은 AI와 친구가 될 수 있을까?' 이 책의 마지막 장에서는 관계의 미래에 관한 질문들에 대해 생각해보려 합니다.

SF물에서나 벌어지던 일들이 점점 현실로 다가오기 시작했습니다. 과거의 어느 사회도 AI에 대해 이렇게 심각하게 고민했던 적이 없습니다. 지금까지는 그저 보조 장치로서의 기계가 얼마나 쓸모 있는가에 관한 이야기들뿐이었으니까요. 하지만 요즘은 AI가 인류의 가장 고귀한 의사결정이 이뤄지는 곳이라 여겨지는 병원이나 법원에서 먼저 도입되어야 한다는 주장이 힘을 얻고 있습니다.

가장 똑똑한 인간이 하던 일을 AI가 대신할 수 있는가를 묻고 있죠. 인간은 각종 인지 편향을 가진 감정적 존재이니 더 정확하고 올바른 판단을 위해서는 AI에 조언을 구하거나 심지어 전적으로 맡겨야 한다는 것입니다. AI가 인간의 정체성에 위협이 될 만한 존재로 진화하는 듯한 인상을 주는 대목입니다. 그래서 AI와 경쟁 또는 협업은 더 이상 SF의 주제에 그치지 않습니다.

우리는 AI와 친구가 될 수 있을까요? 우리는 AI에 공감할 수 있을까요? 만일 AI가 애인보다 더 사랑스럽다면, AI가 자식보다 더 소중하게 여겨진다면, AI가 간병인보다 나를 더 잘 돌봐준다면, AI가 교사보다 학생을 더 잘 보살핀다면, 그때도 인간이 아니라는 이유만으로 AI를 그저 기계 덩어리로 취급할까요? 그런 취급은 과연 정당한 일일까요?

미국의 로봇 개발 회사인 보스턴 다이내믹스Boston Dynamics는 동물의 움직임을 구현하는 4족 보행 로봇 빅도그Big Dog를 개발했습니다. 이 로봇은 무거운 짐을 싣고 언덕이나 빙판길에서 쓰러지지 않고 이동할 수 있습니다. 이 회사에서는 균형을 잘 잡는 빅도그의 특징을 효과적으로 보여주기 위해 홍보 동영상을 만들었습니다. 연구자가 빙판 위를 걷고 있는 빅도그를 사정없이 발로 차더라도 넘어지지 않고 균형을 잘 잡는 모습을 보여줬지요.

그런데 이 영상은 예상치 못한 방향으로 빅도그를 알리게 되었습니다. 동영상을 본 사람들이 로봇을 동정했던 겁니다. "왜 차니? 제발 차지 마!" "얼음판에서 균형을 잡으며 일어나려 할 때 웃어야 할지 울어야 할지 잘 모르겠어요." "이 홍보 영상 만든 사람 누구야? 해고해!" 동영상의 댓글 대부분에서 사람들의 불편함이 표출되었습니다.

회사에서는 이런 부정적 반응을 예측하지 못했던 것 같습니다. 예측했더라면 다른 방식으로 홍보 영상을 찍었을 테니까요. 이런 불편한 영상은 누가 만들었을까요? 물론 제작자의 이름이 표시되어 있지 않아서 정확히 알 수는 없습니다만, 저는 이것이 공학자들의 작품이라는 데에 한 표 던지겠습니다.

고백하건대, 저는 학부에서 기계공학을 전공했기 때문에 공학자들의 독특한 마음을 좀 이해한다고 생각합니다. 그들은 일반인과 다릅니다! 오로지 로봇의 성능에 감동하죠. 댓글의 부정적 반응을 도저히 이해할 수 없었을 걸요? 그들의 구시렁거리는 소리가 들리는 듯합니다. '균형을 잘 잡는 걸 보여주려고 얼음판 위의 로봇을 발로 차는 게 왜 문제가 되냐고!'

그런데 이 영상 때문에 뭇매를 맞은 보스턴 다이내믹스가 2017년 자사의 다른 로봇을 홍보하는 영상을 만들어 유튜브에 공개했습니다. 이번엔 아틀라스Atlas라는 2족 보행 모델이었죠. 박스를 들어 옮기려는 아틀라스를 어떤 남성이 막대기로 방해합니다. 박스를 집으려고 허리를 구부리면 막대기로 박스를 툭 쳐서 못 집게 합니다. 이걸 보고 있는 누구든 '아틀라스를 약 올리고 있구나'라고 생각할 정도로 얌체 같은 행위를 합니다. 이 장면을 본 많은 네티즌은 이 남성의 정체를 알아내려고 구글에 온갖 검색을 해봤을 겁니다(물론 그런들 알 수는 없더군요). 클라이맥스는 바로 그 남성이 긴 막대기로 아틀라스를 뒤에서 밀쳐서 쓰러뜨리는 광경입니다. 쓰러진 아틀라스는 잠시 후에 벌떡 일어납니다.

홍보 영상을 본 사람 대부분은 막대기를 든 남성이 너무 얄밉습니다. 물론 로봇이 벌떡 일어날 때 약간 신기해하지만, 막대기에 밀려 쓰러지는 장면에서 더 큰 감정적 동요를 경험합니다. 제가 강연을 하면서 이 영상을 보여줄 때 거의 모든 청중이 이와 비슷한 반응을 보였습니다. 하지만 유독 강연 내내 졸고 있다가 로봇이 벌떡 일어날 때 우레와 같은 박수를 보내는 무리가 있더군요. 누구겠어요? 네, 바로 기계공학과 학생들입니다. 그들은 균형을 잡고 일어나는 로봇의 균형 감각이 너무 놀라운 거죠. 미치도록 흥미로운 겁니다. 요즘의 아틀라스는 더 진화해서 장애물을 딛고 뛰어 오르며 심지어 백텀블링도 합니다.

자, 누구의 반응이 정상처럼 보입니까? 로봇 좀 그만 괴롭히라고 지적하는 일반인인가요, 아니면 로봇의 기능에 집중

Boston Dynamics

Boston Dynamics

No robots were harmed
in the making of this video.

© 2015 Boston Dynamics

기계와의 공감

보스턴 다이내믹스의 로봇 빅도그(왼쪽 위)와 아틀라스(왼쪽 아래)의 성능 실험 동영상은 기능을 효과적으로 보여주려는 원래 의도와는 다르게 폭력적이라는 비판을 받았다.

하는 기계공학도인가요? 사실, 넘어진 아틀라스는 아플 리 없습니다. 기계잖아요. 기계덩어리인 아틀라스는 적어도 지금은 고통을 느낄 수 없습니다. 이렇게 보면 쿨한 공학도들이 제정신인 거죠. 그렇다면 영상을 보는 이들이 대체로 경험하는 불편한 느낌은 왜 만들어지는 걸까요?

인류의 수렵·채집기를 떠올려봅시다. 1만 2000년 전쯤에 시작된 농경기를 생각해봐도 됩니다. 움직이는 것은 무엇이었나요? 죄다 동물들이었죠. 동물의 움직임은 우리의 관점에서 보면 크게 두 가지예요. 우리를 해하려고(잡아먹으려) 접근하거나, 우리가 이용하려고(잡아먹거나 가축화하려고) 접근할 때 반응을 보이거나. 따라서 움직임의 의도를 파악하는 게 매우 중요합니다.

수렵·채집기와 농경기를 거치며 진화한 우리의 뇌에는 '움직이는 모든 건 의도를 가지고 있음'이라는 명제가 박혀 있어야 하는 겁니다. 우리는 이 명제를 기억하지 못한 사람들의 후예는 아닐 겁니다. 그들은 사자의 의도를 파악하지 못한 채 멀뚱멀뚱 있다가 잡아먹혔을 테니까요.

하지만 '움직이는 것 중 쇠로 만든 것은 동물이 아니고 기계'라는 명령은 우리의 오래된 뇌 속에 없습니다. 인류의 기계문명은 최근에야 생겼으니까요. 따라서 우리 뇌는 착각을 일으킵니다. 동물에게 의인화를 하듯이 기계에도 의인화를 하는 것이죠. 마치 기계도 우리처럼 무언가를 원하고 피하며, 심지어 고통을 느낀다고 착각하는 것입니다.

이는 타 개체의 의도를 읽어낼 수 있는 사회적 지능을 우리 인류가 탁월하게 진화시켰기 때문이기도 합니다. 이런 의인화는 '하지 말아야지' 하고 마음먹는다고 쉽게 사라지지 않습니다. 특히 사람 모양의 인공물에 대해서는 더욱 그렇습니다. 아무리 기계여도 누가 때리면 '걔 아프겠다'는 생각이 드는 거예요. 타인의 고통이나 아픔에 공감하는 것은 사회성의 기본입니다.

문제의 동영상을 제작한 보스턴 다이내믹스는 당시에 구글 소유의 회사였습니다. 그런데 노이즈 마케팅에 가까웠던 아틀라스 동영상에 대중이 부정적으로 반응하자, 구글은 '회사의 이미지에 어울리지 않는다'는 이유로 보스턴 다이내믹스를 소프트뱅크에 매각합니다. 엄청난 기술력을 보유한 회사라 어딜 가든 경쟁력이 있겠지만, 제가 감히 조언을 한다

휴보

로봇에 대한 관점의 차이

기능을 강조한 로봇 휴보와 애완용 로봇인 페퍼와 버디를 보는 우리의 마음은 다르다. 모니터에 눈망울을 그려주는 것만으로도 인간의 진화된 사회성이 작동하게 된다.

페퍼

버디

면, '로봇에 대해 우리의 오래된 마음은 어떻게, 왜 그렇게 반응할까?'에 대해 더 깊이 고민하고 연구해보라고 하고 싶습니다.

로봇의 기능이 아니라 그 기능에 반응하는 사람의 마음에 초점을 맞추면 로봇에 대한 관점도 달라집니다. 가령, 카이스트에서 만든 로봇 휴보Hubo를 보면, 정교한 움직임이 구현된 비싼 로봇이라는 생각은 들지만 별다른 감정의 동요는 일지 않습니다.

하지만 소프트뱅크의 페퍼Pepper나 블루 프로그 로보틱스Blue Frog Robotics의 버디BUDDY처럼 귀엽게 생긴 애완 로봇을 보세요. 제작 비용과 사용된 기술을 비교해보면 휴보보다 훨씬 못하지만, 기능보다는 먼저 귀엽고 보살펴주고 싶다는 생각이 들지 않나요?

모니터에 눈망울을 크게 그려주는 것만으로도 우리의 관심이 뻗치게 됩니다. 인간의 진화된 사회성이 작동하는 거예요. 눈과 얼굴의 모양과 움직임을 인간과 비슷하게 하면 할수록, 로봇에 대한 의인화는 더 강해집니다.

이런 초보 형태가 아닌, 기능적으로나 실제 모양도 인간과 유사한 로봇이 우리 집에 배달되었다고 생각해보세요. 그저 기계일 뿐이라며 전원 스위치를 맘대로 껐다 켰다 할 수 있을까요? 쉬운 문제가 아닙니다. 지금은 인류 역사에서 처음으로 기계가 우리의 공감 대상 목록에 오르는 순간이라 할 만합니다. 수만 년 전에 소와 개가 길들여지면서 우리의 공감 대상이 된 것처럼 말입니다.

공감empathy이란 타 개체의 입장에서 상상해볼 수 있는 인지 능력 또는 타 개체가 느끼는(느낀다고 여겨지는) 감정을 비슷하게 느낄 수 있는 정서 능력을 말합니다. 이 둘을 적확하게 표현한 단어가 역지사지와 감정이입입니다. 즉, 추론을 통한 공감(역지사지)과 감정을 통한 공감(감정이입)으로 나뉜다고 할 수 있죠. 이 두 유형의 공감 능력은 대상이 사람이든 동물이든 기계든 상관없이 영향을 미칠 수 있습니다. 그리고 기계에 미치는 공감은 역지사지보다는 감정이입에 더 가깝다고 할 수 있습니다.

물론 공감하는 능력은 개인마다 차이를 보입니다. 공감의 반경이 누군가에게는 자신의 친구까지이지만, 다른 이에게는 인류 전체로, 또 다른 이에게는 생명 전체로, 심지어 어떤 분들은 인공물에까지 확대되기도 합니다. 요점은 우리 인간은 공감의 반경을 인공물에까지 확장할 수 있는 잠재력을 지녔다는 사실입니다.

그러나 공감의 반경이 기계에까지 확대될 수 있

다는 생각을 의심스러운 눈으로 보는 사람들도 있습니다. 로봇에 측은지심 같은 것을 느끼는 것은 지나치게 감정적이다 못해 특이한 사람들에게 국한된 것이지 대부분의 사람은 그렇지 않다는 거죠. 이 중에는 로봇 연구자도 적지 않습니다.

UCLA 교수 데니스 홍은 세계적인 로봇 공학자입니다. 제 친구이기도 합니다. 그는 부품을 만들거나 재활용하여 새로운 로봇을 만들고 부수고 버리고 다시 만들고 부수고 버리는 일을 반복하죠. 이런 일에 어떠한 감정도 일지 않는다고 주장하는 사람입니다. 기계는 성능이 중요할 뿐, 공감의 대상은 아니라는 거예요. 반면에, 저는 인간이 침팬지와는 다른 길을 걸어 문명을 만든 존재로 진화할 수 있었던 것은 인간의 탁월한 사회적 지능 때문이라고 주장해온 사람 아닙니까? 이 사회성 때문에 기계에까지 공감할 수 있다는 게 제 이야기였습니다.

서로 가깝게 지냈지만 이런 점에서는 생각이 다르다는 것을 느끼던 참에 마침 EBS에서 제가 쓴《울트라 소셜》의 일부를 가지고 다큐멘터리를 제작하고 싶다며 연락해왔습니다. 그래서 홍 교수와 저는 로봇에 대한 사람의 반응을 알아보는 실험을 제안했습니다. EBS TV에서 2018년 3월 〈4차 인간〉의 제3편으로 방영되었죠. 이 프로그램은 우리 두 사람의 논쟁에서 시작된 셈입니다. 그 실험은 이렇습니다.

요즘 광고에 등장하는 인공지능 스피커를 아시나요? "**야, 음악 좀 틀어줘, **야, 오늘 날씨 알려줘." 등의 질문을 하면 그에 맞는 대답을 하는 스피커 말이죠. 이런 인공지능 스피커의 이름을 편의를 위해 A라고 부를게요. 총 40명의 실험 대상 중 20명에게 실험 일주일 전 A를 나눠주었습니다. 이들은 일주일 동안 집에서 A를 가족과 함께 사용했습니다. 물론 혼자 사는 사람은 혼자 사용했죠. 말도 걸어보고 광고처럼 날씨를 물어보거나 음악을 틀어달라고도 했죠. 그리고 또 다른 20명이 있습니다. 이들은 A를 실험 당일 처음 받은 그룹이죠.

자, 실험 당일입니다. 피험자가 A에게 질문지에 적힌 질문을 합니다. A는 탑재된 기능대로 질문에 대답할 거예요. 만약 그 대답이 적절하지 않거나 틀렸다면 피험자는 A에게 전기충격을 가하는 버튼을 누르게 됩니다. 110볼트, 220볼트, ……, 660볼트까지 충격은 점점 강해집니다. 마지막엔 킬 버튼을 누를 수 있는데요, 이것을 누르면 파지직 소리와 함께 연기가 나면서 A가 망가지는 것처럼 보입니다.

이 실험은 스탠리 밀그램Stanley Milgram의 '권위에 대한 복종 실험'을 응용해 설계되었지요. 잘못 대답하는 것도 이미 다 프로그램된 것이고 모두 대본에 짜여 있는 겁니다. 그러니까 A를 받은 40명의 피험자를 제외하고 실험에 참여한 모든 사람이 공모한 겁니다.

A를 일주일 동안 사용한 조건과 처음 본 조건의 실험 결과를 비교했습니다. A가 답을 못했을 때 누가 킬 버튼까지 누르는지, 각 단계의 버튼은 어떤 그룹에서 더 많이 눌렀는지 조사했어요. A와 일주일 동안 생활해본 사람들에게서는 어떤 결과가 나왔을까요?

많은 사람이 버튼 누르기를 주저했습니다. 어떤 여성은 울음을 터트렸죠. 기계에 관해 잘 아는 프로그래머 역시 킬 버튼을 누를 수 없었다고 이야기했습니다. 약간 연애감정을 느낀 사람도 있었어요. A와 함께 일주일을 보낸 그룹에서는 킬 버튼까지 누른 사람이 30퍼센트가 채 되지 않았습니다. 반면에, A를 실험 당일 처음 받은 그룹은 놀랍게도 90퍼센트 이상이 킬 버튼을 주저 없이 눌렀습니다.

단지 일주일만 함께 살았을 뿐입니다. 그런데 결과는 세 배가량 차이가 났습니다. 이 결과를 놓고 봤을 때, '기계에 공감할 수 있는지'를 놓고 홍 교수와 한 내기에서는 제가 이긴 게 분명합니다. 하지만 저도 이 결과가 놀라웠습니다. 이 실험은 아직은 사전 연구 수준이어서 연구 논문 단계로 가진 못했습니다만, 기회가 되면 표본을 키워 제대로 연구해볼 생각입니다.

스탠리 큐브릭Stanley Kubrick과 스티븐 스필버그Steven Spielberg의 만남으로 잘 알려진 영화 〈A.I.〉를 보셨나요? 이 영화에서 지구의 기후는 엉망이 되면서 빙하가 녹고 해수면이 높아집니다. 주요 도시가 물에 잠기고 식량이 부족해지자 정부는 출산을 제한하고, 식량 자원 소비가 없는 로봇을 만들어 노동력이 필요한 곳에 인간을 대신하게 합니다. 로봇 생산이 본격적으로 산업화되면서 감정을 가진 로봇에 대한 연구가 시작되고, 자녀를 잃거나 아이가 없는 부부를 위한 아이 로봇까지 개발됩니다.

이 영화의 주인공은 귀여운 소년의 모습을 한 로봇 데이비드입니다. 치료제가 없는 병에 걸린 친아들을 냉동 상태로 보관 중인 부부는 아들과 비슷하게 생긴 로봇을 주문했고, 인간 부모를 만난 데이비드는 서서히 가족의 일원으로 사랑을 받게 됩니다. 그런데 가망이 없었던 병이 극적으로 치료되면서 친아들 마틴이 집으로 돌아오죠. 이때부터 데이비드의 질투가 시작되고(물속에 마틴을 집어 넣기도 합니다), 친아들도 데이비드와 잘 지내지 못하는 상황이 반복됩니다. 결국 엄마는 낯선 곳에 데이비드를 버리게 되고, 버려진 데이비드가 다시 엄마를 만나기 위한 여정을 시작합니다.

영화에서 엄마가 낯선 곳에 버리려 할 때 데이비드는 눈치를 챕니다. "엄마 다신 괴롭히지 않을게요. 엄마 말 잘 들을게요. 인간이 되고 싶어요." 로봇도 울고 엄마도 울고, 영화를 보는 관객도 웁니다. 그 순간, '저건 기계니까 슬프지 않아. 정신 차려야지.' 이럴 수가 없는 겁니다. 10년 뒤 데이비드와 비슷하게 생긴 로봇이, 마치 현재 우리 대부분이 스마트폰을 가지고 있듯이, 우리 집에 가정용으로 배달됐다고 생각해보세요. 휴가를 가야 하는데 로봇이니까 스위치를 꺼놓고 일주일 동안 유럽에 다녀올 수 있을까요?

요즘엔 반려동물을 기르는 사람이 많습니다. 혼자서도 잘 있는 고양이는 좀 괜찮습니다만, 그렇지 못한 강아지 때문에 여행 일정을 줄이는 경우가 꽤 많습니다. 데려가자니 힘들고, 두고 가자니 마음에 걸리고 혼자 남겨질 생각에 불쌍하죠. 이런 우리가 10년 뒤에 '얘는 로봇이고 실리콘으로 만들어졌으니 괜찮아' 이러면서 스위치를 끄고 여행을 떠날 수 있을지. 저는 그런 일이 절대로 쉽게 일어날 수 없다고 생각해요.

개와 고양이는 훌륭한 반려동물이지만 인간에게 의존할 수밖에 없는 동물입니다. 말은 못해도 서로 정서적인 교감을 할 수 있죠. 그런데 미래의 로봇은 틀림없이 정서적인 교감도 할 수 있으면서 말도 잘하게 될 겁니다. 100년, 아니 1만 년이 지나도 반려동물이 인간의 말을 하는 날은 오지 않겠지만요. 겉모습조차 인간과 같고, 분해해보지 않으면 로봇인 걸 알 수 없는 시대가 예상보다 빨리 올 수도 있습니다. 그때 우리는 그 존재를 쉽게 무시할 수 있을까요? 결코 쉬운 문제가 아니에요. 우리는 지금 이 질문을 해야 합니다.

로봇에 대해 이야기할 때 우리는 늘 그것이 우리 일자리를 대체할지에 대해서 묻습니다. 하지만 이제 그 질문의 방향을 우리 자신에게 돌려야 합니다. '우리는 왜 기계에까지 공감하는가? 어떻게 공감하는가? 얼마나 공감하는가?' 우리 스스로에게 이런 질문을 던져야 합니다. 결국 이것은 인간의 독특함이 무엇인지에 관한 물음이기도 하죠. 저는 여기서 그 독특함이 동물과 기계에까지 공감할 수 있는 인간의 독특한 사회성이라고 말하고 싶습니다.

어쩌면 이 탁월한 공감력 때문에 미래의 인간관계에는 인간이 필요 없을지도 모릅니다. 우리의 진화된 사회성이 인간이 아닌 다른 존재들에 대해서도 공감력을 뻗치기 때문입니다. 친밀한 섹스 로봇과 사랑에 빠지는 마음을 변태적이라고 할 수 있을까요? 짜증내지 않고 자신을 돌봐주는 간병 로봇에게 유산을 물려주고 싶은 마음을 비정상이라 할 수 있을까요? 말 잘 듣고 귀여운 애완 로봇을 학교에 보내려는 마음을 기이하다고 할 수 있을까요?

로봇에게는 잘못이 없습니다. 그들에게 책임이 있다고 한다면 그것은 우리의 진화된 사회성에 방아쇠를 당겨준 것뿐입니다. 성형수술로 외모를 바꾼 사람들을 비난하지만, 예쁘다고 느끼는 것처럼, 그리고 이런 본능을 깨우는 성형수술을 불법이라고 하지 않는 것처럼, 저는 앞으로 로봇과 우리의 관계가 아름다운 합법이 되리라고 생각합니다.

다시 원래의 큰 질문으로 돌아가봅시다. 우리는 AI와 친구가 될 수 있을까요? 앞에서 이야기한 대로라면, 우리가 동물에게까지 공감의 반경을 넓혀왔듯이 로봇에까지 공감력을 뻗칠 수 있는 잠재력을 가졌으니 당연히 AI는 친구가 될 수 있다고 해야 할 것입니다. 하지만 그렇게 간단하지 않습니다. AI가 반려동물과는 근본적으로 다른 점이 있기 때문입니다.

한국에서 가장 인기 있는 반려견 품종은 몰티즈라고 합니다. 귀엽고 사랑스럽죠. 그런데 혹시 몰티즈가 냄새도 잘 맡고 소리도 잘 듣고 귀엽게 생겼다는 이유로 인간으로서 자존심이 상하거나 열등감에 빠졌다는 사람을 본 적 있나요? 소리와 냄새에 민감한 것은 개의 특성이지 인류와 경쟁해야 하는 속성이 아닙니다. 만일 비둘기가 날아다니는 게 너무 부러워 인간으로서 열등감을 느낀다고 말하는 사람이 있다면 병원에 모셔드려야겠죠.

그렇습니다. 개는 우리와 경쟁하지 않습니다. 개

의 특성은 인간의 특성과 겹치지 않기 때문에 인류는 개와 오랫동안 친구지간이었습니다(물론 집에서 개와 순위 경쟁을 벌이는 아저씨들을 제가 몇 분 알긴 합니다.). 그런데 만일 개가 어느 날, "저도 오늘부터 자율주행차의 승인 여부에 대해 한 말씀 드리겠습니다"라고 나온다면, 물론 그럴 리는 추호도 없겠지만, 개에 대한 우리의 태도는 달라지기 시작할 겁니다.

개가 인류의 친구가 된 결정적 이유는 인간이 절대 가지지 못한 부분(주인에게 충실함, 지속적인 귀여움, 시도 때도 없는 스킨십 등)을 그들이 전문으로 잘하기 때문입니다. 더 사실적으로 말하면, 인간이 늑대에서 개를 육종하는 과정에서 그런 특성을 더 갖게끔 개량했기 때문이죠. 개의 정서적 특성이든 아니면 신체 능력 면이든, 개가 인류에게 또 하나의 가족이 된 것은 그런 특성들이 인간의 정체성에 위협을 가하는 것이 전혀 아니라는 점 때문입니다.

그러나 영화 〈그녀her〉에 등장하는 인공지능 운영체제 '사만다'를 떠올려보세요. 실체조차 없는 AI이지만 사람의 마음을 녹입니다. 상처를 어루만져주는 감수성이 있죠. 물론 SF이지만(저는 가까운 미래에 있을 법한 일이라 생각합니다), 사만다는 인간의 정체성을 구성하는 매우 중요한 요소들을 갖추고 있습니다. 상대방의 고통에 대한 감수성, 지적인 언어, 도덕성, 창의성, 합리적 의사결정 등이 그것입니다. 사실, 이런 것들은 인간 고유의 특성이죠. 만일 AI가 이런 영역에서 우리보다 수준이 높다면, 우리는 심각하게 고민할 겁니다. 질투를 느끼고 AI와 싸울 수도 있습니다.

제 연구실은 지난 3년 동안 'AI가 인간 고유의 능력에 해당한다고 여겨지는 영역에 위협을 가할 때 우리는 어떤 심리적 변화를 겪게 될 것인지'를 실제로 연구해보기로 했습니다. 앞에서도 언급했지만 알파고와 이세돌이 펼친 세기의 대국에서 알파고가 완승하는 것을 보고 우리는 큰 충격에 빠졌습니다. 엄청난 직관력이 필요한 바둑만큼은 AI가 힘을 쓰지 못할 거라 예상했던 대부분의 사람이 생각을 고쳐먹는 대사건이었죠. 저희는 그 바둑 대국 전후로 사람들이 실제로 인간 정체성에 어떠한 위협을 받았고 그것을 보상하기 compensate 위해 어떠한 심리 변화를 일으켰는지를 측정해보고 싶었습니다.

제 연구실의 가설에 따르면, 이 대국을 개인 이세돌의 경기라 생각하지 않고 집단으로서의 인간과 집단으로서의 기계 사이의 대결로 보는 사람일수록, 이 대국의 결과를 인간 정체성에 대한 큰 위협으로 받아들일 것입니다. 또한 인간의 정체성을 구성하는 특성 중에서 알파고로부터 위협을 받는 단면은 제쳐두는 대신, 다른 특성에 매달리는 경향을 보일 것입니다.

조금 더 구체적으로, 인간의 정체성 중에서 알파고로부터 위협받은 단면이 '합리성'과 '정교함' 같은 것이라고 생각하는 사람들은 이제 그 단면보다는 정체성의 다른 단면들, 예컨대 '감정'이나 '자율성' 같은 특성이 더 중요할 뿐만 아니라, 그 단면들에서 인간이 기계보다 더 뛰어나다고 생각하는 경향이 높아질 것이라는 예상입니다.

홍미롭게도 가설에 부합하는 결과가 나왔습니다만, 이 결과는 살짝 걱정스러운 함의를 갖고 있습니다. 알파고는 인간 정체성 중 '합리성'과 '정교함'을 빼앗아갔지만, 만일 또 다른 AI가 등장해 인간의 '감정'이나 '자율성' 같은 특성까지 이겨버리면 과연 우리 정체성 중 무엇이 남게 될까 하는 걱정입니다(사회심리학에서는 인간 정체성은 자율성을 포함한 열 가지 정도의 요소로 구성된다고 말합니다).

AI 기술의 계속되는 진보로 인간 정체성을 구성한다고 여긴 모든 요소에 대해 더 뛰어난 능력을 보이는 AI가 등장했다고 합시다. 그렇다면 인류에게는 남아 있는 정체성 요소가 없게 되고 인류의 자존감은 갑자기 추락하게 될 것입니다. 마치 자기 반에서 잘하는 게 하나도 없어서 좌절한 학생처럼 말입니다.

이렇게 되면 AI는 공감의 대상이 아니라 경쟁의 대상이 될 가능성이 높아집니다. 정말로 모든 단면에서 역전이 일어난다면, AI는 더 이상 우리를 자신의 경쟁 상대로도 여기지 않을 겁니다. 마치 이세돌 이후로 알파고를 이긴 인간 바둑 기사가 없는 것처럼 말이죠. 그렇다면 인류는 AI 앞에서 이렇게 무릎을 꿇고 마는 걸까요?

어쩌면 그동안 전혀 인간 정체성의 핵심이 아니라고 여겨졌던 특성이 새롭게 두드러질 수 있습니다. 가령, '실수를 잘함'과 같은 부끄러운 특성이 그때 가면 인간만의 자랑스러운 특성으로 탈바꿈할지도 모르죠. 인간이 AI 앞에서 마냥 쭈그러져 있지는 않을 테니까요.

이처럼 관계의 미래는 인간만의 것이 아니므로 더욱 복잡해질 전망입니다. 설상가상으로 관계가 인간-AI로만 새로워지는 게 아닙니다. 미래에 거리를 활보하고 다닐 구성원들을 상상해보세요. 엄마 배 속에서 그 어떤 유전적 조치도 없이 태어난 순수 인간들은 점점 더 소수가 될 것이고, 대신 유전자 조작으로 유전적으로 강화된 인류가 탄생할 것입니다. 그리고 인류는 능력 향상과 수명 연장을 위해 점점 더 사이보그화되겠죠. 여기에 인간을 닮은 로봇, 인간 능력과 유사한 AI가 주연이 될 것입니다.

이러한 인격적 존재의 다양성이 생겨날 가까운 미래에 인간이 맺을 관계는 어떻게 진화할까요? 저는 이런 미래 질문에 대한 대답 역시 인간 본성이라는 과거로부터 얻어야 한다고 생각합니다. 과거를 깊이 들여다봐야 미래를 멀리 내다볼 수 있으니까요.

과학자의 사회성 고민 상담은 다른 상담과 무엇이 다를까요? 팩트만 나열하거나 줄줄 외우는 게 과학은 아닙니다. 과학은 합리적이고 객관적인 절차를 거쳐 형성된 보편적 경험 지식입니다. 과학의 언어가 달콤하진 않지만 큰 위로의 힘이 있는 것은 바로 이 객관성과 보편성 때문입니다.

이 책에서 느끼셨듯이, 과학은 여러분의 사회성 고민이 여러분만의 것이 아님을 증언하고 있습니다. 인간의 보편적 특성과 개인 차이를 모두 다루는 현대 과학은 여러분 개인의 사회성에 관한 고민을 우리 모두의 고민으로 승화시킬 것입니다. 사회성이야말로 오늘의 과학이 반드시 다뤄야 할 인간 본성입니다.《사회성이 고민입니다》를 통해 과학의 목소리에 더 귀를 기울이는 계기가 되었기를 기대합니다.

1장 관계에 대하여

로빈 던바 저/ 최재천 해제/ 김정희 역(2018),《던바의 수 : 진화심리학이 밝히는 관계의 메커니즘(개정판)》, arte(아르테).

Dunbar, R.I.M., Arnaboldi, V., Conti, M., & Passarrella, A. (2015), The structure of online social networks mirrors those in the offline world, *Social Networks*, 43, 39-47.

Dunbar, R., & Shultz, S.(2007), Evolution in the Social Brain, *Science* 317(5843): 1344-1347.

2장 외로움에 대하여

존 카치오포, 윌리엄 패트릭 저/이원기 역(2013), 《인간은 왜 외로움을 느끼는가?: 사회신경과학으로 본 인간 본성과 사회의 탄생》, 민음사.

지그문트 바우만 저/오윤성 역(2019), 《고독을 잃어버린 시간: 유동하는 현대 세계에서 보내는 44통의 편지》, 동녘.

Chen, Y. -C., et al.(2015), Transcriptional regulator PRDM12 is essential for human pain perception, *Nature Genetics* 47(7), 803-8.

DeWall, C. N., MacDonald, G., Webster, G. D., Masten, C. L., Baumeister, R. F., Powell, C., Combs, D., Schurtz, D. R., Stillman, T. F., Tice, D. M., & Eisenberger, N. I. (2010), Acetaminophen reduces social pain: Behavioral and neural evidence, *Psychological Science*, 21, 931-937.

Eisenberger, N. I., Lieberman, M. D., and Williams, K. D.(2003), Does rejection hurt? An fMRI study of social exclusion, *Science*, 302, 290-292.

3장 평판에 대하여

Bateson, M., Nettle, D., and Roberts, G.(2006), Cues of being watched enhance cooperation in a real-world setting, *Biology Letters*, 2:412-414.

E.M. Suh, and Choi, S.(2018), Predictors of subjective well-being across cultures, *Handbook of well-being*, Salt Lake City: DEF, 2018.

Markus, H. R., & Kitayama, S.(1991), Culture and the self: Implications for cognition, emotion and motivation, *Psychological Review*, 98, 224-253.

4장 경쟁에 대하여

조영태, 장대익, 장구, 서은국, 허지원 외 2명(2019), 《아이가 사라지는 세상: 출산율 제로 시대를 바라보는 7가지 새로운 시선》, 김영사.

프란스 드 발 저/최재천,안재하 역(2017), 《공감의 시대 : 공감 본능은 어떻게 작동하고 무엇을 위해 진화하는가》, 김영사.

Brosnan, S. F. and de Waal, F. B. M.(2003), Monkeys reject unequal pay, *Nature* 425, 297-299.

Hamann, K., Warneken, F., Greenberg, J. R., & Tomasello, M.(2011), Collaboration encourages equal sharing in children but not in chimpanzees, *Nature* 476, 328-331.

5장 영향에 대하여

마누엘 카스텔 편, 박행웅 역(2009), 《네트워크 사회 : 비교문화 관점 *The network society : a cross-cultural perspective*》, 제1장(〈정보화주의, 네트워크, 네트워크 사회 - 이론적 청사진〉).

Asch, S.E.(1951), Effects of group pressure on the modification and distortion of judgments. In H. Guetzkow (Ed.), *Groups, leadership and men*(pp. 177-190). Pittsburgh, PA:Carnegie Press.

Bae, J., Cha, Y.J., Lee, H., Lee,B., Baek,S., Choi,S., and Jang, D.(2017), Social networks and inference about unknown events: A case of the match between Google's AlphaGo and Sedol Lee, *PloS one*, 12(2):e0171472.

Bill Bishop(2019), *The Big Sort: Why the Clustering of Like-Minded American is Tearing Us Apart*, Mariner Books.

Talhelm, T., Zhang, X., Oishi, S., Shimin, C., Duan, D., Lan, X., & Kitayama, S.(2014), Large-Scale Psychological Differences Within China Explained by Rice Versus Wheat Agriculture, *Science* 344, 603-608.

6장 공감에 대하여

장대익(2017), 《울트라 소셜》, 휴머니스트.

EBS 다큐프라임(2018), 〈4차 인간〉, '3부 어떻게 기계와 공존할 것인가', EBS.

Cha, Y., Baek, S., Ahn, G., Lee, H., Lee, B., & Jang. D.(2020), Compensating for the loss of human distinctiveness: The use of social creativity under Human-Machine comparisons, *Computers in Human Behavior* 103: 80-90

그림 출처

32쪽 Shutterstock

33쪽 Dunbar and Shultz, 2007

35쪽 Dunbar 2014, Gowlett et al., 2014

38쪽 Shutterstock

42쪽 Shutterstock

54~55쪽 Eisenberger et al., 2003; Eisenberger & Lieberman, 2004

61쪽 Dewall et al., 2010

76~77쪽 Bateson, Nettle, and Roberts 2006

84~85쪽 Markus and Kitayama, 1991

104쪽 de Waal, 2012; Brosnan & de Waal, 2014

105쪽 Shutterstock

134쪽 Asch, 1955

138쪽 Bae J, Cha YJ, Lee H, Lee B, Baek S, et al., 2017

160~161쪽 Boston Dynamics

164~165쪽 KAIST, Softbank, Blue Frog Robotics

혼자이고 싶지만 외로운 과학자의

“사회성이 고민입니다”

1판 1쇄 발행일 2019년 8월 26일
1판 5쇄 발행일 2022년 3월 28일

지은이 장대익

발행인 김학원
발행처 (주)휴머니스트출판그룹
출판등록 제313-2007-000007호(2007년 1월 5일)
주소 (03991) 서울시 마포구 동교로23길 76(연남동)
전화 02-335-4422 **팩스** 02-334-3427
저자·독자 서비스 humanist@humanistbooks.com
홈페이지 www.humanistbooks.com
유튜브 youtube.com/user/humanistma **포스트** post.naver.com/hmcv
페이스북 facebook.com/hmcv2001 **인스타그램** @humanist_insta

편집주간 황서현 **편집** 임은선 이영란 **녹취 및 원고 정리** 김자연
디자인 한예슬 **일러스트** 강지연 @heybaci
용지 화인페이퍼 **인쇄** 청아디앤피 **제본** 정민문화사

ISBN 979-11-6080-282-5 03400